白雪——编著

心理投射

中国纺织出版社有限公司

内 容 提 要

心理投射是指个体将自己的内心状态、情绪、欲望、观念等内在体验，无意识地外化到他人身上或外部环境中的一种心理防御机制。它是一种自我保护机制，通过将自己的不满和冲突转嫁给他人，从而减轻自身的压力和负面情绪。

这本书重点介绍了投射心理在生活中的诸多表现，结合事例进行了深度剖析，并且由投射心理进行拓展，介绍了投射认同和内摄认同等相关的知识。在比较的过程中，读者朋友们会对投射心理有更加深入的认知和了解，既可以运用投射心理分析他人的行为，也可以有意识地避免投射心理的各种负面作用。

图书在版编目（CIP）数据

心理投射／白雪编著．-- 北京：中国纺织出版社有限公司，2024.7
 ISBN 978-7-5229-1630-9

Ⅰ．①心… Ⅱ．①白… Ⅲ．①心理学—通俗读物 Ⅳ．①B84-49

中国国家版本馆CIP数据核字（2024）第070394号

责任编辑：柳华君　　责任校对：高　涵　　责任印制：储志伟
中国纺织出版社有限公司出版发行
地址：北京市朝阳区百子湾东里A407号楼　邮政编码：100124
销售电话：010—67004422　传真：010—87155801
http://www.c-textilep.com
中国纺织出版社天猫旗舰店
官方微博 http://weibo.com/2119887771
天津千鹤文化传播有限公司印刷　各地新华书店经销
2024年7月第1版第1次印刷
开本：880×1230　1/32　印张：7
字数：110千字　定价：49.80元

凡购本书，如有缺页、倒页、脱页，由本社图书营销中心调换

前　言

说起心理学，很多朋友都望而却步，认为心理学是研究人类心理的，涉及的问题都是高深莫测的，所以不由自主地先泄了气，败下阵来，不敢轻易触及心理学相关的知识和概念。其实，心理学的研究对象是人和人的心理，我们既可以成为研究心理的专家学者，也可以成为被专家学者研究的对象，还可以成为一名普通的心理学爱好者，借助于心理学知识解开心中的各种疑惑。

毫无疑问，要想成为一名优秀的心理治疗师可不是一件容易的事情。面对出现各种心理问题、患上不同程度心理疾病的人，心理治疗师必须如同武侠小说中的武功高手一样，每天都内、外功兼修，才能不断地提升自身的功力，在面对患者时提出更好的治疗建议和方案。

所谓外功，就是心理学知识，这是可以通过持之以恒的学习不断积累的，也是可以通过阅读更多的心理学专业书籍实现提升的。所谓内功，就是人格修养。没错，要想成为合格的心理治疗师，只有外功是远远不够的，还要内外兼修，提升人格修养。和增强外功相比，提升人格修养则是难上加难。如果说外功是有形的，那么内功则是无形的。

练功必须由内而外，绝不能急功近利。仅仅是听到投射心理这四个字，很多人就会望而生畏，认为心理学高深莫测。这其实是自己给自己设置障碍，吓唬自己。因为不管多么专业的心理学术语，都来自人类的心理活动，都体现了人类心理活动的规律。所以，当我们心怀畏惧，这些心理学知识就会高高在上；当我们坦然学习，这些心理学知识就会走下神坛，变成我们生活中常见的现象或故事。

不可否认的是，人性是复杂的，人心更是变幻莫测。那么，什么是人性呢？所谓人性，就是人的特性。人是活生生的，有血有肉，既不是不沾烟火气的神仙，也不是尘埃里的小虫。唯有对自己准确定位，我们才能做到不卑不亢，从容淡然。面对复杂的人性和变幻莫测的人心，很多人都束手无策，这是因为他们不了解心理学知识，更不善于运用心理学的技巧解决各种问题。那么从现在开始，我们就要有意识地走进心理学领域，以更加主动的态度去学习心理学的相关知识和技巧。在各种各样的心理学现象中，投射心理是一种十分符合人性特点，并且也很常见的心理。例如，每当突然降温时，很多孩子都为了少穿一件衣服与妈妈斗智斗勇,奈何有一种冷叫妈妈觉得孩子冷,这使孩子很难拒绝妈妈的爱。这就是典型的投射心理。在公开场所,我们刚刚经过其他人的身边,就听到他们在身后传来刻意压低的笑声,我们马上就会觉得后脊背发凉,也忍不住揣测对方是否在说自己的坏话,这同样是投射心理。

虽然不同的投射现象都基于投射心理,但是投射心理也有不同的类型,彼此之间有细微的区别。但是只要我们认真地阅读、思考本书的内容,相信大家在读完这本书之后,定能对心理学知识有更加深入的了解,也会更加理解自己的内心,成为更好的自己。

编著者
2024年1月

目　录

第二章　认识心理投射，让人际相处更轻松愉快　001

有一种冷叫"妈妈觉得你冷"　003
接纳他人的情绪，认可他人的感受　007
不要以小人之心度君子之腹　011
欲加之罪，何患无辞　015
疑心生暗鬼　019
投射是一种心理防御机制　023

第二章　生活中的心理投射现象，你不可不知的奥秘　029

吊桥实验，揭开爱情的奥秘　031
尊重和认可成就效率　036
两种归因，两种世界　041
勇敢地面对恐惧　045
关注心理稀缺，建立强大内心　049

家庭教育，要尊重孩子的内心	053
认识失当行为背后的负面情绪	056

第三章 拥有感恩之心，就会拥有值得感恩的世界　061

拥有单纯的人生智慧	063
不吝啬感谢他人	066
勇敢追求自己想要的生活	069
要感谢困难的磨砺	072
拥有美好心灵的力量	076
与其抱怨，不如埋头苦干	080
谦虚低调，切勿肆意张扬	084

第四章 拥有良善之心，就会做出利人利他的行为　089

坚持利他之道	091
不吝啬自己的善意，学会利他	095
帮助他人，就是帮助自己	099
人际交往要明察秋毫	103
降低欲望，成为欲望的主人	107
发挥自身的能力，坚持回馈社会	110

目 录

第五章 　拥有无比强大的内心，　　　　115
　　　　　成就值得期待的未来

相信自己，你一定行　　　　　　　　117
任何时候，都不要轻易放弃　　　　　122
坚持到最后，才可能获得成功　　　　127
心怀美好的愿望　　　　　　　　　　131
倾听，让你无所不能　　　　　　　　135

第六章 　坚持为人处世的正道，　　　　143
　　　　　泰山崩于顶而色不变

认识你自己：形成独特的气质　　　　145
天道酬勤，正道沧桑　　　　　　　　150
在逆境中唯有坚持正道，勇敢前行　　154
战胜所有困难，不怕四处碰壁　　　　158
遵从本心，做出明断　　　　　　　　161
坚持真我，守住本心　　　　　　　　165

第七章 　怀有美好的心灵，　　　　　　171
　　　　　打开开阔的人生天地

常怀善良之心，提高生活幸福感　　　173

003

心之根本，立世之基 177
每个人都需要家人的支持 180
人无信不立，业无信不兴 184
强大心灵成就奇迹人生 187

第八章 牢记目标，才能避免南辕北辙 193

投射与投射性认同 195
接纳他人的前提是悦纳自己 198
投射性认同与内摄性认同 203
爱情中的投射性认同 205
恋爱简单，婚姻需谨慎 210

参考文献 214

第一章

认识心理投射,
让人际相处更轻松愉快

所谓心理投射，直白地说，就是把自己的情绪、感受投射到他人身上，误以为他们的情绪、感受和自己一样。这是因为人有强烈的主观意识，在思考很多问题时难免会从主观角度出发，导致自己从来不能真正做到为他人着想，对他人感同身受。

有一种冷叫"妈妈觉得你冷"

到了秋冬之交，很多家庭在每天早晨都会上演一场穿衣大战。通常情况下，父母会觉得孩子穿的衣服太少，一定会感到冷，所以只要气温有波动，有一定幅度的下降，妈妈就一定会想方设法说服孩子多穿衣服，注意防寒保暖。然而，孩子则因为活动量大，在教室里上课时周围也有很多同学，因而并不像妈妈所担心的那样觉得冷。由此一来，家庭大战就拉开了帷幕，妈妈苦口婆心要求孩子多穿衣服，孩子绞尽脑汁拒绝妈妈的要求。有些孩子当着妈妈的面的确多穿了一件衣服，去到学校之后却会偷偷地脱掉厚重的外套，或者脱掉里面的一件毛衣。等到傍晚放学回到家里，妈妈看到孩子穿得单薄，难免会责怪孩子，如果孩子再不合时宜地打个喷嚏，妈妈就更是如临大敌，批评孩子擅自脱掉衣服，导致着凉咳嗽。

从关心和照顾孩子的角度来说，妈妈当然没有错，毕竟照顾好孩子是妈妈的责任，如果孩子受凉生病，那么全家人都会担心着急。但是，从心理学的角度来说，妈妈有时未能真正设身处地为孩子着想，也没有做到换位思考，理解孩子真实的想法和感受。作为父母，如果能够不那么主观和固执，真正敞开心扉倾听孩子的想法，接纳孩子的感受，那么就能够做到理解和尊重孩子的选择。妈妈喋喋不休只为劝说孩子多穿一件衣服，孩子刚开始时也许会耐心地解释，随着时间的流逝，妈妈唠叨的次数越来越多，他们不被理解的次数也随之增多，他们就会关闭心扉，不愿意再和妈妈沟通。从本质上而言，不管是哪种形式的家庭教育，都要以尊重孩子为前提，也要与孩子建立顺畅沟通的渠道，这样才能保证家庭教育顺利实施，且取得良好的效果。反之，如果孩子不愿意与父母沟通，也不愿意把自己真实的想法和感受告诉父母，那么父母即使与孩子在同一个屋檐下生活，彼此的心也隔着遥远的距离。

现实生活中，很多人都会和父母一样，在无意识的状态下把自身的想法、情绪和感受投射到他人身上。例如，我们常常不理解他人为何会做出某种选择，就是在从主观意识出发考量他人的选择。要想真正做到理解他人，就要放弃自己的主观立场，真正地把自己置身于他人的处境之中，模拟他人的思维方式进行思考，也多多地理解他人的用心良苦。当看到他人穿得厚重时，我们无须担心他人会感到燥热，因为如果他人真的感到燥热，就会选择脱掉厚重的衣服；当看到他人穿得清凉时，我们无须担心他人会感到寒冷，因为如果他人真的感到寒冷，就会选择添加衣物，防寒保暖。俗话说，未经他人苦，莫劝他人善，正是这个道理。我们永远也不可能成为他人，所以不管我们怎样设身处地、换位思考，都不可能真正产生与他人完全相同的感受。既然如此，我们就要始终牢记尊重他人、理解他人的道理，切勿因为自己的想法与他人的想法不同，就对他人指手画脚，横加指责。

现实生活中，有一种冷叫妈妈觉得你冷，有一种饿叫奶奶觉得你饿，有一种清闲叫上司觉得你清闲，有一种幸福叫别人认为你很幸福。而实际上，任何情绪和感受都属于独特的个体，是每个人特有的心理状态和心理感受。既然如此，我们既不能因为他人的评价就轻易否定自己的感受，也不能因为自己的感受就无视他人的真实想法。人与人相处恰如刺猬依偎在一起取暖，离得太近会被对方身上的刺扎伤，离得太远又会感到寒冷。唯有在坚持磨合与调整的过程中保持适当的距离，我们才能与他人之间建立恰到好处的关系，同时保持和谐融洽的相处状态。

真正的冷，应该是自我真实的感受，而不是他人给予的评价。妈妈们总是情不自禁地把自己的感受投射到孩子身上，也会把自己的情感、意愿强加于孩子，这就是以己度人。过度以

心理投射

己度人将使妈妈与孩子的相处出现隔阂，也会使人产生认知偏差。我们固然能够清醒地认识到自己是怎样的人，却不能把自己的标准照搬到他人身上。

在古代，苏东坡和佛印和尚是很好的朋友。有一天，他嘲笑佛印说："在我眼里，你就是一堆狗屎。"苏东坡原本是想激怒佛印，也想看看佛印如何回应他，不想，佛印却面带微笑，友善地回答道："在我眼里，你是一尊金佛。"苏东坡误以为佛印理屈词穷，无法反驳他，因而兴致勃勃地回到家里，把这件事情原原本本地告诉了他的妹妹——苏小妹。听完苏东坡的讲述，苏小妹说："哥哥，你可真是聪明反被聪明误。佛家讲究佛心自现，你看自己是什么，看别人才是什么。"苏东坡恍然大悟，懊悔万分。

其实，苏东坡也被"投射"了。他看自己是一堆狗屎，所以看佛印也是一堆狗屎。现实生活中，投射心理的现象屡见不鲜。很多心地善良的人看别人也是善良的，很多居心叵测的人看别人也是邪恶的。为了避免投射现象导致自己产生认知错误，我们应该多多询问他人真实的感受和想法，也要尊重他人的选择。俗话说，生活如人饮水，冷暖自知，我们既不能随意判断他人是否觉得冷，也不能随意评判他人的生活是否幸福。与其强求他人按照我们的想法去生活，不如给他人提供更多的选择，让他人可以根据自身真实的情况做出合适的选择。

接纳他人的情绪，认可他人的感受

在这个世界上，人与人的相处是最难的，这是因为人是世界上最复杂的生物，有着最细腻敏感的心思。为此，要想做好人际关系的管理工作，最重要的在于认可和接纳他人的感受，而不要总是否定他人的感受。没有人愿意被排斥和抗拒，更没有人愿意被质疑和否定，所以哪怕我们发自内心地认为他人的某种想法是错误的，也不要直截了当地否定对方，而是要采取迂回曲折的办法，先认可与接纳对方的感受，再慢慢地引导对方改变想法。从某种意义上来说，否定和打压他人是很容易的，一句话就有可能让他人心灰意冷，万念俱灰。相比之下，认可和接纳他人则是比较困难的。除了可以用语言表达对对方的赞赏外，还可以用各种肢体动作来安抚对方。总的原则就是，既不要因为他人的某些想法或者感受而大惊小怪，做出过激的反应，也不要漠视他人的想法和感受，给人留下敷衍了事、草草应付的糟糕印象。

不可否认的是，每个人的情绪和感受都带有鲜明的个体独特性，我们作为旁观者，很难产生与当事人相同的情绪和感受。在某些情况下，他人的情绪和感受还有可能与我们的情绪、感受形成冲突，针锋相对。即便如此，我们也要始终牢记一点，即所有人都有表达情绪感受的权利，我们无权剥夺他人的这个权利。从这个角度来看，我们哪怕排斥他人的感受，也要认可他人的感受，更要对他人表示应有的尊重。在这个世界上，从没有两片完全相同的树叶，更没有两个完全相同的人。

面对不同于自身的生命个体，尊重和接纳就是最好的选择。

那么，如何才能真正做到接纳他人的情绪，认可他人的感受呢？

首先，要体谅他人的处境。现实生活中，每个人都有独属于自己的人生处境，哪怕是在同一个家庭里出生的兄弟姐妹，也因为出生顺序的不同而拥有独特的微生存环境。在社会生活中，不同的个体生存的环境更是大相径庭。在一些特殊的服务岗位上，例如，销售、客服、售后等工作，尤其需要树立服务观念和服务意识，这样才能运用各种人际相处的技巧，做到倾听他人，专注地帮助他人解决问题，假设自己处于对方的情境中。此外，还要有敏锐觉察他人情绪的能力，从而及时采取有效措施帮助他人平复激动的情绪，最终圆满解决问题。即使并非从事这些服务性行业，我们也同样需要体谅他人的处境，例如，体谅亲戚朋友的难处等，这将会有助于我们与亲戚朋友之间建立良好的关系。

其次，不要吝啬自己对他人的关心。每个人都渴望得到他人的关注和关心，我们如此，他人也是如此。在人际交往中，如果我们真心诚意地为他人着想，也真正地关心他人，他人一定是会有所觉察，有所感动的。需要注意的是，如果总是把关切之意隐藏在心底里，不愿意表现出来，那么这样默默的关心也无法在第一时间起到相应的效果。正如人们常说的，爱要大胆说出来。不管关心的对象是谁，我们都要慷慨地表达关心，也要关心得恰到好处。例如，在现实的职场上，成为受欢迎领导的秘诀是什么呢？其实，领导并非如同荧幕上所展现出来的那样高高在上、冷漠无情，反而要细致入微地关心下属各个方面的情况，这样才能做到该严格的时候严格，该体贴的时候体贴，即恩威并施。一味地冷漠，只会让上司脱离群众基础，也被下属们诟病。只有在严格的同时关心下属，给予下属更多的关爱和照顾，才能让下属获得更多的温暖，也对公司和上司形成信心。

唐骏被称为"打工皇帝",也是很多人都敬仰的领导。说起自己受到下属欢迎的原因,唐骏认为自己在某些细节方面做得还是很到位的。例如,他会经常利用午餐时间与员工边吃边聊,了解员工真实的需求;每到节假日,他都会寄送礼物到员工家里,给员工的父母享用;每次出差,他都带手信送给同事,加深与同事的关系与感情……所以,看似高冷严肃的唐骏骨子里其实是很温暖细致的。

不仅上司需要对下属表示关心,在现实生活中,父母也可以给孩子创造这样的小浪漫和小惊喜,孩子更是要在不经意的时刻里关爱父母。此外,相爱的人之间、朋友之间、同学和同事之间,都需要这样的关心给生活增温。需要注意的是,礼物的好坏不在于价格的高低,而在于心意的轻重。俗话说,千里送鹅毛,礼轻情意重,正是这个道理。

再次,得到他人的赠予之后,我们一定要用心地回赠他人。面对他人精心精挑细选的礼物,如果我们只是随意购买一份礼物送给对方,那么对方一定会感到失望和伤心。不管做什么事情,用心都是最重要的,只要我们用心,他人就一定会感觉到。

最后,出于本心,达到本意。现实中,很多人都会说出言不由衷的话，做出违背心意的事情，有些人是出于无奈，有些人则是因为自身失误导致的。例如，我们原本是想与他人开玩笑，结果却错误地采取了嘲讽的方式，结果他人因此而生气，并且疏远了我们。这就是出于本心却违背本意的现象。不管与谁相处，为了避免误会的产生，一定要保持真实意图和实际作用的一致性。

接纳他人的情绪，认可他人的感受，简而言之就是具有共情的能力。不管是在职场上，还是在生活中，不管是与亲近的人相处，还是面对陌生人，共情能力都发挥着重要的作用，可以在最短的时间内拉近我们与他人之间的距离，使我们与他人做到互相尊重，彼此体谅。拥有共情能力，我们不但能够接纳他人的情绪，认可他人的感受，而且能够以恰到好处的方式回应他人。

不要以小人之心度君子之腹

在现实生活中，很多人都会用自己的想法去揣度他人，如果把他人往好处想，那么就是能够增进人际关系的。反之，如果把他人往坏处想，那么就是以小人之心度君子之腹，常常会导致人际关系破裂。要想避免这种情况发生，我们就要学会增加心理的透明度，具体来说，就是自己给自己开天窗，让自己的心思容易被他人理解和接纳。

有些人总是故作深沉，对于很多简单的事情也喜欢加以掩饰，好像不遮遮掩掩就不能体现出他们的心思细腻，动机感人。其实，很多事情本身并不复杂，也不容易引起误解，正是因为做事情的人过分迂回曲折，把简单的事情变得复杂，才会导致引起误解，也使人与人之间无法做到心意相通。

中国有一个经典故事，叫作智子疑邻。这个故事告诉我们，无端的猜疑会使友善被扭曲，被误解为恶意，使好心被质疑，也使得事情的真相变得面目全非。所谓猜疑，就是毫无缘由地怀疑他人，对他人以及他人所做的事情，都过于小心谨慎，不敢信任。对于每个人而言，一旦产生了猜疑之心，那么在看待身边的人和事的时候，就无法坚持从客观的角度出发，所进行的逻辑推理和判断也就失去了依据。爱猜疑的人总是从表面现象出发，思考问题浮于表面，且常常受到主观意识的影响，肆无忌惮地夸大或者扭曲事实，最终导致得出的结论不符合实际情况，带有强烈的主观色彩，或者因为先入为主带有偏见而有失公允。爱猜疑的人还总是无中生有，捕风捉影，他们明明没有事实依据，也会只凭着自身的主观感受和想法做出不负责任的判断，还会过于小心谨慎地察言观色，误解他人的意思，对他人的行为举止做出错误的解释。

在人际交往中，猜疑之心是万万不可有的。原本，人与人之间只有小小的嫌隙，一旦加入了猜疑，小小的嫌隙就会被无限放大，使人与人之间的交往出现严重的隔阂，最终分道扬镳，甚至老死不相往来。从古至今，很多朋友原本是亲密无间的，却因为猜疑而导致友谊破裂。在中国古代，管鲍之交历来为人们所崇尚和赞美。那么，鲍叔牙与管仲之间的友谊为何如此动人呢？就是因为信任。鲍叔牙知道管仲家境贫寒，就拿出本钱给管仲做生意，在赚取利润之后却把大部分利润分给管仲，而自己只要小部分利润。在战场上，很多人指责管仲贪生怕死，每到冲锋陷阵的时候就落在最后，每到撤退的之后就跑在最前面。对此，鲍叔牙代替管仲做出解释，原来，管仲家里还有老母亲需要养老送终。哪怕是在各为其主反目成仇之后，鲍叔牙也努力说服登上王位的新君主重用管仲，而自己则心甘情愿位居管仲之下。不得不说，正是这样的肝胆相照，才让鲍叔牙与管仲的友谊流传千古。

鲍叔牙对管仲的信任是无条件的，不管管仲做出怎样的选择和决定，他都毫不迟疑地支持管仲。不仅朋友之间需要消除猜忌之心，彼此信任和支持，君主与大臣之间、上司与下属之间、家人与家人之间、朋友与朋友之间，都需要消除猜忌之心。唯有彼此信任，彼此支持，人与人才能紧密团结协作，齐心协力克服各种艰难的情况，做到全力以赴共赴荣光。

三国时期，诸葛亮充满智慧，精明强干，而且任人唯贤。即便被人们视为神机妙算，诸葛亮有时也会有失偏颇。这主要是因为他太过明察秋毫，因而对身边的人总是怀有猜疑之心。古人云，水至清则无鱼，人至察则无徒，正是这个道理。

因为对人缺乏信任，所以诸葛亮总是亲力亲为地做好所有的事情，哪怕只是一件小事情，他也事必躬亲。魏延是受降之将，对于魏延，诸葛亮虽然委以重任，但是一直缺乏信任。每当质疑魏延做的某件事情时，诸葛亮就会怀疑魏延有逆反之心。正因如此，魏延始终郁郁不得志，而诸葛亮也失去了魏延这名大将的衷心拥护。诸葛亮去世之后，魏延惨遭冤案，使得蜀汉大伤元气，陷入了被动的局面之中，呈现出败势。

猜疑他人，其实就是折磨自己。还有一个典故叫作《杯弓蛇影》。在这个故事中，喝酒的人看到弓箭投射在酒杯里的影子，误以为酒杯里有小蛇在游动，因而心生猜疑，回到家里大病一场，生命垂危。直到回到喝酒的地方，看到了酒杯里的小蛇原来是墙壁上挂的弓箭投射的影子，他才消除疑心，恢复健康。由此可见，如果一个人猜疑心重，就会滋生烦恼。

猜疑心重的人，总是对他人怀着提防之意，不是怕他人加害于自己，就是怕他人因为嫉妒造谣中伤自己。这样每时每刻都在提防，时时处处都怀着疑心的人，压根不可能结交真正的朋友，更不会与朋友肝胆相照。尽管人们常说"害人之心不可有，防人之心不可无"，我们也不能无端地怀疑他人，猜忌他人。

当然，我们不能全盘否定猜疑，毕竟在某些情况下，猜疑的确能够帮助我们保护自己，也预防自己受到伤害。但是，凡事皆有度，过度犹不及。心怀猜疑的人一定要区分猜疑的对象，也要控制猜疑的程度。如果总是以小人之心度君子之腹，对应该信任的人也怀有猜疑，那么我们将会自寻苦恼。

欲加之罪，何患无辞

在森林里的小溪旁，一只小羊正在喝水。它渴极了，喝得酣畅淋漓，压根没有留意到有一只凶狠的老狼正在悄无声息地接近它。等到老狼来到身边时，小羊才觉察到老狼的到来。它胆怯地看着老狼，问道："老狼先生，您也要喝水吗？这溪水可清甜呢！"老狼恶狠狠地说道："你这个小羊真是不懂事，溪水那么清澈，都被你弄脏了。为了惩罚你把溪水弄脏，我必须吃掉你。"小羊意识到危险，赶紧为自己辩解道："老狼先生，我在下游喝水，您在上游喝水，我怎么可能把水弄脏呢！"

听到小羊的辩解，老狼一时之间无言以对，他思考片刻，说道："你的罪行可不止这一件。狐狸告诉我，去年秋天，你在森林里四处诋毁我，造谣生事，玷污了我的名誉。我原本没把这件事情放在心上，但是既然这次遇到了你，我可不能轻易放过你。"小羊看着老狼张牙舞爪的样子，害怕地说道："老狼先生，我是去年冬天才刚刚出生的，去年秋天我还在妈妈肚子里呢，没法说您的坏话啊！"

老狼有些尴尬，它咕噜咕噜地转动着眼珠子，紧接着说道："哦，那可能是我记错了。就算你没有说我的坏话，你的爸爸妈妈肯定也说了我的坏话。此时此刻，你要么把你的爸爸妈妈交给我处置，要么就把你自己交给我处置。"说完，老狼不等小羊做出选择和辩解，就张开血盆大口吃掉了小羊。

通过这则寓言故事我们不难看出，老狼从一开始发现小羊在小溪旁喝水，就已经打定了主意要吃掉小羊，所以无论小羊怎么为自己辩解，老狼都能找到理由吃掉小羊。这就是欲加之罪，何患无辞。现实生活中，和老狼一样居心叵测，想要给人强制安加罪责的人不在少数。不管是在职场上，还是在生活中，这样的人都屡见不鲜。

毋庸置疑，可怜的小羊是无辜的，它不懂得老狼的险恶用心，所以直到临死前的最后一刻，也不知道自己为何会丢掉性命。在自然界里，动物们之间遵循着弱肉强食的原则，在人类社会中，弱肉强食的现象也很普遍。

春秋时期，晋献公最最喜欢妃子骊姬。他早早地立申生为太子，想要把王位留给申生。面对这样的情况，骊姬深知母凭子贵的道理，因而一心一意地想让她的亲生儿子奚齐继承王位。在产生了这样的想法之后，她仗着晋献公宠爱信任她，绞尽脑汁地想办法陷害申生。无辜的申生几次三番惨遭陷害，最终走投无路，选择以自杀的方式结束生命。与此同时，骊姬也没有放过申生的哥哥重耳和夷吾。在骊姬的迫害下，重耳和夷吾都逃到了国外苟且偷生。

不久之后，晋献公身患重病，派人叫来深得他信任的大夫荀息，嘱托荀息一定要全力以赴，辅佐奚齐顺利继承王位。荀息接受了晋献公的托付，但是仅凭他的一己之力，根本无法完成如此重大的事情。晋献公去世之后，晋国陷入混乱之中。大夫里克原本是太子申生的副将，一直想要找机会为冤死的太子申生报仇雪恨。因而，在奚齐继承王位之后，他很快就伺机杀死了奚齐。无奈，荀息只好拼尽全力辅佐奚齐的弟弟卓子继续王位。但是，里克又杀死了卓子。这时，一直在秦国过着颠沛流离生活的夷吾回来继承了王位，他就是晋惠公。晋惠公刚刚继承王位，就视里克为眼中钉肉中刺，还借口里克杀死了两个国君和一个大夫，要赐死里克。面对晋惠公的恩将仇报，里克毫无畏惧，说道："要不是我为了铲除了障碍，你怎么可能继承王位呢。既然你想要强加这个罪名给我，你又何愁理由呢？"说完，里克主动扑到剑上，自尽而死。

当一个人仗着自身的权势想要把罪名强加于他人时，他总能找到充分的理由和借口。面对这样的人，与其徒劳地为自己辩解，不如看清楚他的真面目。有些时候，那些与我们拥有同样地位和身份的人，也会出于各种各样的原因将罪名强加给我们。在这种情况下，我们应该怀着猜疑之心，小心地保护自己，而切勿让对方的阴谋诡计得逞。

每个人都是有私心的，每当与他人发生利益冲突时，大多数人都会本能地维护自己的利益，而指责和贬低他人，或者把责任推卸给他人。在与人合作的过程中，我们既要毫无保留地投入，贡献出属于自己的一份力量，也要多多留心，在必要的时候出示有效的证据以保全自己。尤其是在职场上，同事之间的关系不同于同学、朋友和亲人之间的关系那么单纯，而是既需要团结协作，也常常面临利益纷争。在如此复杂多变的关系中，提前给自己准备好退路，也保存好证据证明自己的实力和清白，是非常重要的。"害人之心不可有，防人之心不可无"，这句俗话用在这里恰到好处。

疑心生暗鬼

在心理学领域，怀疑和信任是两种常见的心理状态。对于个体而言，在生活中抱有信任或是怀疑的心理状态，所产生的结果会有很大区别。很多心理学家都告诉人们，要信任周围的环境和环境里的人，遗憾的是，大多数人尽管明白这个道理，但是事到临头却无法用信任解决自己正在面临的困境和各种问题。迫于无奈，他们只好以怀疑的心态应对周围的人和事情。

在人类的内心世界中，怀疑与信任始终在进行着激烈的交锋，也常常处于博弈的胶着状态。面对陌生人时，大多数人都会怀着警惕心理，对对方抱有怀疑的态度。但是随着交往的时间越来越长，一起经历的事情越来越多，我们对陌生人从陌生到熟悉，也就渐渐地打消了心中的疑虑，开始信任对方，这就是怀疑与信任博弈的过程。当然，怀疑与信任博弈的方式很多，并不只限于从陌生到熟悉的过程中。

在顺遂的人生境遇中，很多人都倾向于把周围的人和事情想得非常美好，而在坎坷的人生经验中，很多人因为亲身经历了一些不好的事情，甚至是受到他人的伤害，所以更倾向于对身边的人和事抱有怀疑和警惕的心理。在这样的消极状态下，人们很容易得出结论，即认为命运对自己不公平，总是捉弄和调侃自己，或者也认为身边的人对自己居心叵测，总是想方设法地阻碍自己的发展。一旦形成了这样的负面心态，人们就很难做到心平气和地面对人生中的各种境遇，也很难做到怀着友善和信任看待身边的人。这常常使人陷入前所未有的困境中。他们无论是看待什么人，还是评判什么事情，都会把责任归咎于外界和他人，由此陷入无奈的绝境之中。

要想改善这种局面，就必须端正心态，以信任的眼光看待周围的环境,也最终意识到,正是自身的原因导致了事情的发生。唯有主动肩负起责任,我们才能改变自身的认知模式和行为模式,推动自己尽快地摆脱困境。需要注意的是,信任并不代表我们必须避免犯错,每个人都会犯错,这是毋庸置疑的。当我们怀着信任的心态,就会坚持更好地成长,哪怕遭遇坎坷挫折,哪怕被失败打击,我们也能以积极的态度反思自己的行为举止,及时发现自己在哪些方面做得不够好,从而弥补自己的不足。人们常说,人生不如意十之八九,这句话告诉我们,成长注定是要经历挫折和磨难的,而非一帆风顺的。当跌倒了,我们要做的是能够从原地站起来,拍拍身上的泥土继续前行,而不是只躺在原地哭泣,否则我们永远也不可能进步。

那么,究竟什么是怀疑,什么又是信任呢?所谓怀疑,就是编造谎言;所谓信任,就是接纳现实。很多人为了推卸责任,采取怀疑的态度,把责任归结于外部因素或者是推卸到他人身上。从心理学的角度来说,没有人愿意承认自己所犯的错误,因为这意味着自己必须为错误付出代价,也必须为此承担相关的责任。他们出于自保的本能而逃避责任,因而就会撒谎,利用谎言把责任归咎于外部的不可控因素,或者归咎于他人。他们不知道的是,一个人要想坚持进步,不断成长,就必须正视自身能力的不足,而不能含糊其辞地借口不具备合适的条件，或者没有把握最佳时机。对于所有的生命个体来说，一旦在为人处世时采取怀疑的态度，这就意味着成长的停滞。

相比起以怀疑的态度推卸责任，以信任的态度接纳现实，承担责任，更是具有一定难度的。曾经有心理学家致力于研究神经官能症，结果发现一个人不管曾经面对怎样的绝望之境，只要坚定不移地接纳现实，勇敢地面对现实，那么最终一定会得出积极的结论，这告诉我们，对事物做出怎样的评判，主要原因在于自己，主要责任也要由自己承担。对于自身的言行举止，以及由此可能引发的各种后果，每个人都有不可推卸的责任。与其以逃避的态度否定真实发生在自己身上的各种事情，不如采取理性的态度，勇敢无畏地面对、认可和接纳。要知道，虽然阴云常常遮天蔽日，但是这并不意味着太阳再也不可能散发出耀眼的光芒，也不意味着太阳彻底放弃了照耀大地。唯有怀着坚定不移的信任，我们才能直面自己，直面人生。

总之，当一个人的内心充满怀疑，他的内心世界就会被乌云遮蔽；当一个人的内心充满信任，他才会拥有火眼金睛，看到事情的真相，筛选出各种有用的信息，帮助自己做出明智的判断。做人，一定要心怀坦荡，对于周围的人和事情，都要坚持纯粹的眼光，而不要擅自怀疑。当事情进展顺利，我们就验证了自己的判断；当事情发展不顺利，我们需要做的则是及时纠正方向，改变做法。与其疑心生暗鬼，不如兵来将挡，水来土掩，坦坦荡荡，这样才能更好地应对各种情况。

也许有人会担心心怀信任会被欺骗，不能说没有这样的可能。然而，吃一堑长一智，即使被骗也要及时吸取教训，增长经验，这远远比怀疑一切所产生的效果更好。没有人能够在怀疑中快乐地生活，只有信任才是幸福的源泉。我们要坚信，阴云遮天蔽日只是一时的，最终一定会迎来乌云散尽，阳光普照。不管什么时候，我们都要坚定地去信任，因为唯有信任才能帮助我们获得安全感，也才能帮助我们赢得他人的信任。当我们以信任作为人生的基石，就会获得更加强大的力量，创造属于自己的精彩人生。

投射是一种心理防御机制

在现实生活中，心理投射现象随处可见。例如，在家庭生活中，很多父母都不理解孩子为何喜欢看那么单纯幼稚的动画片，很多孩子也不理解父母为何喜欢看那么枯燥乏味的电视剧；面对上司的一项决策，很多下属都不理解上司为何不采取更为简单直接的方式解决问题，上司也不理解下属看待问题的眼光为何那么片面，思想为何那么浅薄。总之，投射心理就是我把自己的想法强加于你，你把你的选择强加于我。投射心理既存在于点点滴滴的小事情中，也存在于很多起到决定性作用的大事情中。

很多人甚至都没有听说过投射这个心理学名词，有些人即使在偶然的机会中听说过投射，也不理解投射真正的心理学含义。从心理学的角度来进行阐述，投射心理是一种非常典型的心理学现象。在精神分析学派中，很多心理学家都曾经频繁地提起投射这个术语。弗洛伊德是精神分析学派的创始人，奠定了精神分析学派发展的基础。投射最早就是由弗洛伊德提出来的，用于阐述心理防御机制。

那么，心理防御机制又是什么意思呢？弗洛伊德认为，在人类的潜意识中，很多欲望或者情绪都被压抑着，没有机会得到外界的认可和接受。但是，在某些特殊的原因下，这些欲望和情绪产生的动机浮出意识的水面，这将会使人产生焦虑的负面情绪。人们很害怕自己的欲望会被大家知道，为了避免这种尴尬的情况发生，就只好启动防御机制。在诸多的防御机制中，投射被使用的频率是很高的。仅从字面来看，投射就是一个人把自己潜意识中隐藏的欲望强加于他人，这样就能有效地缓解自己的焦虑情绪，安慰自己"这个欲望不是我的，而是他的"。举例而言，一个有暴力倾向的人会把攻击欲望投射到他人身上，因而带有偏见地认为自己身边的人对自己充满敌意，甚至想要攻击自己，这样就能在一定程度上缓解自己的紧张和焦虑。

一些心理学家认为，投射作为一种心理防御机制，最先被人们使用。也有少数心理学家非常看重投射这种心理机制，认为投射是人类唯一的心理防御机制。具体来说，投射指的是人们把自己的情绪、感受甚至是心理活动的内容等，投射到客观世界里。打个比方来说，这就像是利用投影仪播放照片或者是影片，投射的内容既可以是静态的，也可以是动态的。在投射这一心理机制的作用下，外部世界的人和事物就拥有了当事人的心理内容。例如，有些人心思狭隘，就认为他人也是斤斤计较的；有些人善良友好，就认为他人也是和善的、没有恶意的；有些人喜欢算计他人，就时时刻刻提防被他人算计，因为在他们眼中，他人也是爱算计的；有些人撒谎成性，对于他人所说的真话也会表示怀疑，认为他人正在编造谎言欺骗自己；有些人性格暴躁，就认为他人也是脾气火暴的……总之，他们把自己所有的特点都强加于他人身上，在心底里把他人视为和自己相同的人。殊不知，在这个世界上，每个人都是独一无二的生命个体,与其他任何个人都不完全相同。所以我们一定要明确自己与他人的独特性以及区别。

在心理学领域,投射心理可以分为三种。

第一种是相同投射,指的是人们常常在没有自我觉察的情况下把自己的感受强加于他人。例如,一个人感到很热,没有征求他人的意见就打开了冷气,因为他先入为主地认为他人也很热。再如,一个人感到会议内容很枯燥,就扭过头与身边的人小声说话,他主观地认为对方也和他一样觉得会议枯燥,而丝毫没有想到对方很有可能听得津津有味。

第二种是愿望投射。在父母与孩子之间、老师与学生之间、上司与下属之间,经常会发生这种类型的投射。例如,孩子总是渴望得到父母的认可和表扬,因而哪怕父母在一段话中指出了他的缺点和不足,又提出了他做得好的地方,还表达了对他的期望,他就只记住了父母对他的认可和表扬,甚至认为父母的长篇大论都是在表扬他。有些学生因为听到了老师一句表扬的话会高兴一整天,甚至在接连几天的时间里都受到激励和鼓舞,做出良好的表现,这就是愿望投射的作用。简言之,愿望投射就是出于自己的愿望,对他人的言行举止进行了筛选,主观地认为他人所说的话所做的事情都是自己期望听到和看到的。

第三种是情感投射。情感投射是最常见的，如果以一句话进行概括，那就是"情人眼里出西施"。最典型的例子是，男性与女性在恋爱期间看对方都是优点，哪怕明知道对方有某些缺点和不足，也会认为对方的缺点和不足是可爱的，是值得赞许的。反之，如果夫妻之间感情破裂，走到了离婚的地步，那么很有可能因为感情破裂而全盘否定对方，甚至连自己曾经喜欢过的对方的优点，也都被否定了。就像是被感情一叶障目，这也从另一个角度说明了人是主观的，不管看待人还是评价事情，都会从主观的情绪感受出发，而因此蒙蔽了理性和客观。

毫无疑问，感情投射现象会导致我们对他人做出错误的评价。为了避免这种情况发生，一定要坚持客观公正的原则，进行准确投射。对于人类而言，不同的人之间是有共性的，与此同时，每个人又是独特的生命个体，是与众不同的。对于投射效应，我们一定要把握好合适的限度，不要过度投射蒙蔽自己的双眼，对他人做出错误的判断。尤其是要避免过于主观的现象出现，应以客观的事实作为依据，更要全面地考虑问题，这样才能深入细致地思考，面面俱到地考量。即使认识到某个人有一些缺点和不足，也要积极地发现他的优势和长处。俗话说，金无足赤，人无完人，每个人都是生动的、立体的，而不是死板的、片面的。此外，还要坚持以发展的眼光看待人和事。整个世界都处于日新月异的变化之中,变化才是永恒不变的主题,既然如此,我们就要坚持以发展的眼光看待身边的人和事情,这样才能避免让自己陷入主观主义的错误之中。

第二章

生活中的心理投射现象，你不可不知的奥秘

对于生活中存在的各种心理投射现象，我们只有解开其中的奥秘，才能深入了解其中蕴含的心理学真相。如果只是流于表面，只知其一，不知其二，那么就会望文生义，产生误解。

吊桥实验，揭开爱情的奥秘

爱情，是造物主赐予人类最美好的礼物。当提起爱情时，你的第一反应是什么呢？你的脑海里又会呈现出怎样的画面呢？每个人对于爱情的理解都各不相同，你认为爱情是令人痛彻心扉的感情，还是如胶似漆的感情呢？你认为爱情是要轰轰烈烈，如同飞蛾扑火般不管不顾，还是要细水长流，举案齐眉，彼此相敬如宾呢？谈到爱情，你会想起初恋的男友，还是会想起如今相依相伴的爱人呢？古今中外，无数文人墨客都为了爱情而疯狂，而苦恼，而喜悦，很少有人能够准确地描述爱情。这是因为爱情也是一种非常主观的感受，所以不同的人对爱情有不同的感悟，也有不同的定义。

在心理学领域，有一个著名的实验是关于爱情的，这就是吊桥实验。1974年，美国大名鼎鼎的心理学家阿瑟·阿伦做了一个有趣的实验。他想通过这个实验揭开爱情的奥秘，他也的确获得了令人耳目一新的成果。和提起爱情，很多人的心目中都会出现风花雪月的场景不同，阿伦设定的实验地点在一座吊桥上。这座吊桥位于加拿大温哥华北部，桥的名字叫作卡皮兰诺。这座吊桥只有大概1.5米宽，长达137米，就像是一条长长的大虫，在水流湍急的河面上空70米高的地方摇摇欲坠。桥有两根缆绳，固定缆绳的是位于桥两端的两个木桩。这两个木桩只有1.6米宽，胆小的人看到吊桥的构造一定会心慌意乱，压根不敢从吊桥上走过。尤其是有风的时候，吊桥更是会剧烈地摇晃，走在吊桥上，就连脚下的桥面都在剧烈摇晃。极度的恐惧使人只能如同抓住救命稻草一样死死地抓住缆绳，胆小的人甚至不敢低头看向波涛汹涌的河面，否则就会情不自禁地联想起自己掉落其中的惨状。在普通人心中，这样一座充满危险的桥怎么也不能与爱情联系起来，但是，阿伦偏偏选择了这样一座桥开展爱情实验。

阿伦让一位美丽的女助手站在吊桥中间，拦截独自过吊桥的男性青年完成一项调查。该调查的名字叫作《创造力是如何影响景区吸引力的》。完成这份调查需要填写一份简单的问卷，还需要以女助手出示的照片为材料，以问答的方式编写一则小故事。实际上，阿伦是醉翁之意不在酒，他根本不在乎这个调查问卷，只是以此为借口掩饰实验的真实目的。女助手成功地邀请了一些男性完成了调查，她还主动把自己的电话号码告诉了他们，并且说道："如果你们想知道调查结果，随时都可以拨打我的电话。"结果，至少一半的男性都主动打电话给女助手，其中还有一些人表达了喜欢女助手的意思，且主动邀请女助手见面。

后来，阿伦选择了一座坚固的石桥，又进行了相同的实验。和摇摇欲坠的吊桥不同的是，这座石桥横跨平静的小溪，桥身低矮，而且非常坚固，可以说走在这样的桥上绝无危险可言，也毫无性命之忧。在这个实验中，女助手同样邀请到一些男性完成了调查问卷，且主动把自己的电话号码留给了男性。然而，实验结束后，在十六名男性中，只有两名男性主动打电话给女助手。阿伦发现了这个明显的差异，而且意识到在不同的桥上，不同的男性根据图片编写的故事是不同的。在那座充满危险的吊桥上，男性编写的故事都是与爱情和两性有关的，有些男性编写的故事还明显带有挑逗意味。但是，在坚固的石桥上，男性编写的故事几乎都与爱情无关，更没有关于两性的。他们编写的故事内容丰富，形式不拘一格。

通过这个实验，阿伦深受启发，提出参与调查问卷的男性身处危险的吊桥，所以感受到本能的恐惧，导致身体分泌出大量肾上腺素，因而出现呼吸加快、心跳加速的现象。在这种情况下，他们会受到美丽女性的吸引，误以为自己因为恐惧出现的各种表现是爱情突如其来导致的。

也有心理学家认为，关系是决定爱情和婚姻状态的重要因素。关系是亲密无间还是有隔阂，是亲近还是疏远，决定了恋人或夫妻之间沟通的状态，即决定了沟通的内容、频率和状态。针对这种现象，默里和戈特曼也进行了婚姻预测实验。最终，不管是吊桥实验，还是婚姻预测实验，都从本质上描述了爱情如何产生与维持。遗憾的是，受制于当时神经科学的发展，没有人能够揭秘爱情的内部构造。

后来，人们在自然界中发现了两种类型的田鼠，一种是走婚型，另一种是长相厮守型。通过研究田鼠，心理学家最终揭示了爱情的真相，即爱情的最初目的不是幸福地相守，而是吸引异性，通过与异性发生性行为而传宗接代。至于人类社会中的婚姻形式，则是为了一起照顾和抚育后代。

从心理学的角度来看，既然关系才是爱情和婚姻的本质，那么步入婚姻殿堂的两个人就要坚持一起成长，战胜孤独，一起为了构建幸福美满的家庭而努力，一起为了把孩子抚养长大而拼搏。幸福的婚姻各有各的幸福，同样也有着共同点，即夫妻双方的关系具有很高的匹配程度。除此之外，人格是否完美、接受教育的经历、拥有多少财富，都不是决定婚姻关系的关键因素。在婚姻生活中，如果夫妻之间常常和颜悦色地沟通，那么彼此的关系就会很亲近，感情也会越来越深厚。反之，如果夫妻之间常常针锋相对，喜欢冷战，那么感情就会越来越淡漠，直至婚姻彻底破裂。

戈特曼通过进一步的研究发现，能否维系幸福的婚姻关系，关键不在于夫妻双方的人格是否完美，也不在于夫妻双方受教育的程度或者财富的多少，而在于夫妻双方的关系匹配程度。关系的匹配需要双方的共同努力。如果夫妻双方都怀着关心、爱意和尊敬去对待甚至包容对方身上的不完美之处，这段婚姻关系就会充满生机。而如果夫妻双方常常以苛刻的语言开始一场谈话，谈话中经常出现批评、鄙视、辩护等内容，并且双方经常冷战，都对配偶和婚姻有着很深的负面看法，这段婚姻关系就比较危险了。

爱情的本质是情感联结，两个人只有建立情感联结，进行情绪和情感的互动，产生真实的情感体验，才能维系爱情。好的情感联结，是以尊重、理解、包容和爱为基础的，充满了向上发展的正能量，也能够在整个家庭营造出和谐美满的氛围。反之，如果缺乏尊重、理解、包容和爱，就会形成向下发展的负能量，使整个家庭鸡飞狗跳，一言不合就恶语相向，夫妻关系自然岌岌可危。

心理投射

尊重和认可成就效率

这几年来,很多职场人士都特别关注职场996工作制,这一制度也饱受诟病。对于职场管理,究竟哪种方式才是最佳的?哪种方式才是最受欢迎的?始终没有定论。在996模式下,很多人都享受着高薪和丰厚的待遇,却依然义无反顾地辞掉人人羡慕的工作,这又是为什么呢?其实,除非亲身经历不同的工作模式,不然我们无法对其做出评价和判断。

2019年5月,法国巴黎进行了一场本该在十年前进行的审判。这次审判受到了社会各界的关注,因为被告是法国电信公司,以及法国电信公司的七名前任高管。法国电信公司如今已经更名为橘子电信公司,是法国电信业巨头。那么,法国电信公司和七名高管究竟做了什么事情,才需要接受这样一场迟到十年的审判呢?原告认为,他们是当年员工"自杀潮"的始作俑者。

这场审判之所以在十年后才进行,不是因为延误,而是因为调查是一项浩大的工程,需要持续数年。调查的卷宗达到100多万页,其中列举的各项数字令人震惊。根据记载可以得知,法国电信公司在2008年和2009年,居然有高达35名员工选择以自杀的方式结束宝贵的生命，除此之外，自杀未遂的员工达到13名。这个数字是令人震惊的，也令人百思不得其解。人们无法想象这48名员工到底经历了什么，居然会如此决绝地想要结束生命。

正是因为这场审判，世界范围内出现了一个新的名词，叫作职场精神骚扰，又叫作心理骚扰。社会各界都极其关注这场审判，法国《世界报》认为这是法国有史以来规模最大的心理骚扰案件。被告的七名高管中，既包括前任首席执行官，也包括前任人力资源总监，还包括前任副董事长等人。可以发现，所有的高管都被列入了被告，接受法律的审判。检察官经过细致周密的调查和逻辑严密的推理，认为七名被告的确制造了令人无法忍受的紧张工作氛围，而且采取了各种方式肆无忌惮地践踏员工的自尊，不择手段地损害员工的身心健康，使员工承受着无形的巨大工作压力，且没有办法逃避和避免。正是因为置身于这种变态的工作环境和畸形的工作氛围中，他们才最终下定决心自杀，以这种决绝且义无反顾的方式结束这场悲剧。

其实，法国电信公司的职场悲剧并非史无前例。早在电气时代，很多企业主就为了降低经营成本，不择手段地提高劳动生产率。当时，福特工业率先发起了流水线工作模式，实现了大工业化生产。在当时，所有的企业主都没有意识到要关注员工的健康，尤其是心理健康，他们激励员工的唯一方式就是工资报酬。他们把人看成是机器的组成部分，要求人必须完美地与机器结合起来，甚至把自己变成不知疲倦的机器。他们忽视人的价值，冷漠地对待所有的员工，因而强调指标，坚持利益至上。正是在这样的管理思想和观念下，企业主无情地淘汰那些无法完成绩效指标的员工，仿佛这些员工不是活生生的人，只是机器上的一个陈旧零件。他们只关注当下的利益，而忽略了长远的发展，也就不曾意识到员工的重要性。

和法国电信公司一样，电气时代的很多企业主都带着主观的偏见，认为员工一定都是会偷懒的，都是非常自私的。为此，他们采用流水线的工作模式，把工作进行了无比细致的拆分，这样就可以真正把人变成是一个"螺丝钉"，放在相应的位置上。在生产异常紧张的流水线上，工人甚至连喝水和上厕所的时间都没有，他们的感情变得越来越冷漠，仿佛失去了思想，也失去了生命的活力。这种毫无人性的管理模式的确大幅度提高了生产效率，但是也由此催生出了很多问题，例如，工人们举行罢工活动以示抗议，进行游行以争取得到更高的报酬。不得不说，这是涸泽而渔的短视行为，虽然这种做法的确在短时间内让企业主赚到了很多钱，但是却不利于企业和社会的长足发展。从全局的角度来看，人力成本非但没有下降，反而上升了，这就导致企业的财富总量出现了缩水的情况。为了安抚工人，很多企业主动提高薪酬待遇，但是工人并不买账，继续以各种形式捍卫自己的权利。正是因为如此，法国电信公司的案件才如此引人注目。在赚取短期利益之后，该公司的发展史上留下了永远难以消除的污点，这使得很多优秀的人才不愿意进入法国电信公司，也严重影响了该公司的长远发展。

20世纪30年代，美国也出现了同样的现象。美国西部电器公司有一家分工厂，位于芝加哥西部，叫霍桑工厂。美国西部电器公司已经成立一百多年了，在整个电气时代都声名远扬。霍桑工厂的工人数量众多，高达2.5万多名。霍桑工厂的设备非常先进，工人不仅享受着良好的福利待遇，还能享受到最好的娱乐设施。此外，工厂的养老金制度和医疗制度也都非常完善。在这样一家理想化的工厂里，工人们却消极怠工，不愿意全力以赴投入工作，这是为什么呢？

工厂的负责人百思不得其解，无奈之下，只好花费重金聘请了哈佛大学的专家团队，开展了为期八年的实验。为了发现影响生产效率的关键因素，专业团队设计了很多实验，针对工厂提供的各项设备和福利待遇进行了深入研究，最终发现包括光照强度、工作时间、报酬工资、休息时间等因素都没有影响工作效率。他们甚至还在惯常的工作时间内加入了休息时间、下午茶点时间等，依然没有取得预期的效果。那么，问题到底出在哪里呢？

在长达三年的时间里，不管专业团队如何改变有可能影响生产效率的因素，结果都毫无改观，这使得实验陷入了僵局。直到1927年冬天，哈佛大学教授埃尔顿·梅奥入驻霍桑工厂。梅奥不仅是大学教授，还是著名的心理学家。自从接管了该项实验之后，梅奥转变了实验的思路，开始重点关注当事人。从1928年开始，到1930年，梅奥带领团队采访了几千名工人。他惊讶地发现，虽然没有对其他因素做出任何改变，但是工人对待工作却产生了积极性，也极大幅度地提升了生产效率。最终，梅奥得出结论，即工人虽然面对相同的外部环境，但因为通过接受采访发泄了不满的情绪，产生了不同的心理感受，所以对待工作的态度和行为都改变了。为了进一步研究心理状态因素对生产效率的影响，梅奥进行了更深入的实验，也提出要尊重和看见劳动者。

饱受诟病的996管理制度，因为不尊重并且忽视了劳动者，会对企业造成难以抹除的严重危害，使企业发展走下坡路。很多职场人因为日复一日年复一年地重复相同的工作，陷入职场枯竭状态，表现出抑郁症的症状，最终必然彻底厌倦枯燥乏味的工作。优秀的管理者既要关注员工的利益需求，也要关注员工的情感需求，这样才能让员工找到归属感，实现和证明自身存在的价值。企业唯有掌握最重要的财富——人才，才能实现长远发展。如果企业与员工之间的关系是生硬的，那么企业就会痛失人才，也会影响自身的成长和发展。

两种归因，两种世界

很多人都有宿命论的观点，认为不管自己经历什么事情，做出怎样的选择，面临怎样的结果，都是命运的安排。宿命论是无法推翻的，因为不管命运如何发展，都可以归结为命运。现实生活中，很多老人都喜欢算命，也都很相信命运的安排。这些人在生命的旅程中总是被动地接受命运，即使对现状感到不满意，也不会勇敢地与命运抗争。长此以往，他们必然被命运禁锢，无法实现自己的梦想。

那些勇敢坚强的人，常常会以"我命由我不由天"为口号，为自己鼓劲加油。不可否认的是，很多事情都不会随着主观意志转移和改变，这决定了我们非但不能彻底掌控命运，甚至难以决定和改变很多微不足道的小事情。这样的说法固然带着悲观的色彩和意味,但是却是有一定道理的。那么,我们到底能不能主宰命运呢?当然能,这一点是毋庸置疑的,但是有前提条件。

在人生的旅程中,有些事情的确是无法改变的,有些事情却是可以改变的。对于那些不能改变的事情,我们要坦然地接受;对于那些可以改变的事情,我们则要积极地改变。唯有怀着平常心面对命运,我们才能坦然地走过人生的旅途。

在20世纪80年代,心理学家本·杰明、李贝特和丹尼尔·韦格纳进行了一项比较试验,最终证实了大多数人都是"事后诸葛亮",即他们在做出决定之前,大脑已经发出了采取行动的指令。这意味着我们常常并非是在理智的指引下做出了相应的决策,采取相关的行动,而是凭着本能决定采取某些行动,而后大脑才通过思考做出决策。这意味着我们是在无意识的状态下采取行动的,而大脑仅仅是负责解释相关的行动而已。由此可见,我们未必真的自主决定了自己的某些行为,而只是在根据大脑发出的信号采取行动。更进一步解释,不管是进行高精度的运算,还是做出非常简单的动作,大脑都会抢先一步做出决定,并且把这个决定严密封存,交给理性决策系统,然后由理性决策系统根据这个绝密文件,调取记忆库里的材料,通过逻辑加工的方式组织有关的材料,最终启动语言系统宣布这个决定。这使我们产生了误解，误以为决定是自己做出的。实际上，我们并没有真正做主。

我们没有做出决定，而只是在为这些决定找到充分的理由，也就是把大脑做出的决定合理化，从而让自己更容易接受相关的决定，这就是归因。每当遭遇失败，或者做出错误的决定时，我们就要尤其重视归因。因为如何归因，将会影响我们后续的发展和成长。很多人都有着固化思维模式，会把所有的责任都推卸给他人，或者归结为外部不可改变的因素。在这种思维模式下，人们常常感到绝望无助，因为他们认为既无法改变他人，也不能改变外部的固定因素。为此，他们陷入了自暴自弃的状态，不愿意通过努力的方式改变自己的成长状态，也不愿意换一种方式进行尝试，尽量争取获得想要的结果。

与拥有固化思维模式的人不同的是，有些人拥有成长型思维模式。不管遭遇怎样的坎坷挫折，也不管承受了多么严重的打击，他们从来不会推卸责任，更不会束手就擒。他们把失败的原因归结于自身，继而积极地改变自己的某些决策或者行动，从而改变事情的结果。正是因为如此，才有人说每个人最大的敌人就是自己，唯有战胜自己，才能战胜诸多困境，也才能获得自己想要的结果。这就是内部归因的神奇作用。

大学毕业后，悦悦在职场上的发展一直很不顺利，在短短一年的时间里，她居然被辞退了五次。这是为什么呢？第一次，是因为她在准备合同的时候写错了小数点，给公司造成了重大损失。第二次，是因为她没有时间观念，上班经常迟到早退。第三次，是因为她公私不分，损公肥私。第四次，是因为她与同事关系紧张，不能很好地配合。第五次，是因为她没有请假就来了一场说走就走的旅程。然而，她并没有意识到问题的根本所在，而是把被辞退的原因归结为上司不通情理，同事吹毛求疵，工作时间太长，利用工作之便谋取一些方便是人之常情，等等。如此归因，使她险些丢掉了第六份工作。

后来，她无意间听了一场有关内部归因和外部归因的讲座，认识到不管自己把责任归结于他人还是外部因素，都不能从根本上解决问题，这才痛定思痛，开始认真思考自己在工作方面的不足。经过深刻的反省之后，她意识到自身存在很多问题，也开始积极地改变。最终，她渐渐地改掉了很多缺点，在第七份工作中做出了不错的表现。

需要注意的是，外部归因固然不利于自我提升，但是过度的内部归因却是不利于自我心理健康的。现代社会中，很多人都患上了不同程度的抑郁症，就是因为他们习惯于自己背负所有沉重的责任，把一切错误都归结于自身。这使得他们总是陷入自我否定的负面情绪中无法自拔，哪怕一件事情不是他们的错，他们也总是责备和贬低自己。长此以往，他们就会被抑郁情绪困扰。

不管是外部归因还是内部归因，都要结合现实的情况进行考量和斟酌。面对任何情况，我们都要积极地反思，采取有效的措施改善情况，改变局面，也要主动吸取教训，积累经验，避免再犯同样的错误。但是，自我反思要有限度，自我责罚更是要区分不同的情况。过度贬低自己，会降低自己的存在感，使自己失去价值感和安全感，这同样是极其有害的。所以，内部归因和外部归因都要把握合理的限度，既不要想方设法地推卸责任，也不要无限度地责怪自己。每个人都应该与命运握手言和，接受命运安排的不可改变的各种事情，也应该勇敢地与命运抗争，竭尽所能地从命运那里得到善待和好运。

勇敢地面对恐惧

一直以来，校园凌霸都是敏感话题，一则是因为这个话题备受关注，二则是因为这个话题涉及到未成年人，而不管是从道德层面还是从法律层面，对于未成年人的评价都是非常微妙且难于把握的。

从心理学的角度来说，原本身心健康的孩子是因为被欺凌才导致心理扭曲，绝望无助，他们的内心充满恐惧。而那些霸凌者则本来就已经出现了不同程度的心理问题。也可以说，他们正是因为有严重的心理问题，才会做出霸凌行为。有些霸凌者在家里就是小霸王，享受着至高无上的权利；而有些霸凌者在家里遭受着父母施展的暴力，所以他们才会有暴力倾向，做出暴力行为；还有些霸凌者的内心深处有着不为人知的痛苦，始终活在阴影之下，对生活中的一切都感到无助和不安。要想从根源上消除校园欺凌，首先要关注孩子的心理问题，对于霸凌者，要看到那些貌似正常的孩子内心深处存在的不同程度的心理伤痕，要及时对他们进行心理疏导和救助；其次，要引导被欺凌的孩子勇敢地面对校园欺凌，一定要第一时间求助于老师、家长等人，必要的情况下还可以报警，用法律手段保护自己。唯有双管齐下，才能避免校园欺凌现象变得越来越严重，也才能保护孩子们的生命安全和心理健康。

真正感到恐惧的正是霸凌者。对于这种观点，很多人都难以接受，而是认为遭受欺凌者才是最害怕的。那么，为何说霸凌者是更恐惧的呢？这是有心理学依据的。不管是作为老师还是作为父母，唯有看到霸凌者内心的恐惧，才能真正治愈他们内心的创伤。

美国心理学家约翰·华生开创了行为主义心理学，在世界范围内，他是第一个用科学实验的方法研究恐惧情绪的人。华生从小就聪明好学，争强好胜，后来凭着优异的成绩取得了博士学位，正是在攻读博士学位期间，他开始喜欢上心理学。

为了研究恐惧，华生进行了一项心理学实验，即小艾伯特实验。经过观察，华生发现很多孩子都特别害怕黑暗，因此产生了研究恐惧来源的想法。当时正值20世纪初，人类对于大脑一无所知，更没有各种先进的仪器和设备辅助实验。为此，华生决定用如同一张白纸的婴儿进行恐惧实验。很快，华生就以丰厚的报酬征集到小艾伯特作为实验对象。他通过反复实验，证明了小艾伯特原本并不害怕小白鼠，但因为他反复敲击发出巨响，小艾伯特才渐渐地产生了恐惧情绪。到了实验最后阶段，小艾伯特不但恐惧小白鼠，而且对于此前喜欢的毛绒玩具也产生了恐惧，情不自禁地想要逃得远远的。

更糟糕的是，恐惧的情绪还会蔓延。在实验之前，小艾伯特很喜欢搭积木，但是在反复实验之后，他对积木产生了抵触心理，还会高高地举起积木狠狠地摔在地上，以发泄内心的愤怒和恐惧。

华生的这项实验遭到很多人的指责，被认为违背了人道主义。可怜的小艾伯特三岁时患上了严重的脑积水，六岁时就夭折了。尽管没有人能够证明是华生的实验导致了小艾伯特夭折，但是有一点是可以肯定的，即小艾伯特在整个幼年时期都始终被恐惧折磨。对于小小的婴儿来说，这样的心理创伤是无法承受的，也必然影响他的身心发育。

后来，科学家们继续研究恐惧情绪，发现恐惧情绪产生于大脑中的杏仁核。打个比方来说，杏仁核就像是警报器，一旦感受到来自外界的各种刺激，杏仁核就会把大脑弃之不顾，接管身体，劫持理性。正是因为如此，人在极度恐惧的状态下才会做出各种失去理性的冲动举动，无法控制自己的身体做出各种应激反应。科学家在小白鼠身上进行实验，切除了小白鼠的杏仁核，结果小白鼠变得胆大包天，成了不折不扣的"鼠大胆"。

还有心理学家提出，恐惧是上古情绪，这是因为人类的祖先在长期进化的过程中始终面对充满危险的、极其恶劣的生存环境，必须保持恐惧的紧张状态，才能随时避开凶猛野兽的攻击，也才能从自然灾害中逃生。和理性的精准不同，恐惧情绪是很模糊的，不但会在面对相同的事物或者情境时被唤起，在面对相似的事物或者情境时，也会被唤起。对于大自然界中的各种生物而言，恐惧情绪能够让它们最大限度把握逃生的机会。但是，恐惧情绪不能长久地存在于大脑中，尤其是对婴幼儿而言，恐惧情绪的伤害性是很强的，如导致大脑中的某些基因永久关闭或者永久激活。对于孕期的准妈妈而言，也要保持愉悦的情绪，否则就会把恐惧情绪传递给胎儿，影响胎儿的大脑发育。

为了彻底治愈恐惧，一味地逃避是不可取的，正确的做法是勇敢地面对恐惧。越是年幼的孩子，越是无法用语言描述让自己恐惧的事情，恐惧就会长久地存在于他们的大脑中，成为大脑中不可抹除的记忆。有些孩子在极度恐惧的状态下会自我封闭，正是因为他们陷入了记忆的梦魇之中。对于童年时期受到的严重心理伤害，必须重新体验情绪，感受情感，并且以语言的方式描述出这种情绪和情感，才有可能让孩子的内心痊愈。这种机会可以是随机把握的，可以是有意识地创造出来的，或者还可以求助于心理医生，接受心理治疗。

关注心理稀缺，建立强大内心

1972年，心理学家沃尔特·米歇尔决定开展一项实验，用于研究延迟满足。他选择了美国斯坦福大学一家附属幼儿园中很多的四岁孩子作为实验对象。这项实验叫棉花糖实验，实验的道具就是棉花糖。

在一个房间里，实验人员预先把装满棉花糖的托盘摆放在桌子上。在当时，孩子们很少能吃到棉花糖，因而他们全都对棉花糖垂涎欲滴。实验人员给每个孩子都分了一颗棉花糖，然后，他告诉孩子们："小朋友们，我要离开一会儿。你们可以选择现在吃掉手里的棉花糖，也可以选择等我回来再吃掉棉花糖。友情提醒，如果有的小朋友能等到我回来再吃掉棉花糖，我就会额外再奖励给他一颗。"说完，实验人员就离开了这个房间。孩子们不知道的是，实验人员正通过一个小小的透视窗在观察他们。

很快，有些孩子就忍不住开始吃棉花糖。与此同时，有些孩子则想方设法地抵御棉花糖的诱惑。他们有的闭上眼睛假装睡觉，有的朝着棉花糖吐口水，有的则眼巴巴地看着棉花糖。最终，只有极少数孩子成功地等到实验人员回来，获得了额外奖励的一颗棉花糖。

在此后的三十年里，实验人员对参与实验的孩子们进行了跟踪调查。结果发现，当初那些迫不及待吃掉棉花糖的孩子发展较为一般，人生平淡无奇；那些成功等到实验人员回来，获得额外奖励的一颗棉花糖的孩子，则表现出很强的自控力和意志力，也具备很强的心理调节能力，他们不管是在学习方面还是在工作方面，都能坚定不移地朝着目标前进，获得了很大的成就。事实证明，他们也更有责任感，更值得信赖。

在米歇尔公布了棉花糖实验的结论后，很多人都表示了关注。正是因为这项实验，米歇尔提出了延迟满足理论和自我控制理论，并且荣获了美国心理协会的杰出科学贡献奖。毋庸置疑，米歇尔的棉花糖实验反映出不同的孩子具备不同的延迟满足能力，也证明了孩子们能够有意识地调节认知和思考。例如，在实验过程中，有些孩子采取睡觉、唱歌、看其他地方等方式转移注意力，这是因为他们已经觉察到棉花糖对自己产生了诱惑，为此才会想方设法地抵御这种强大的诱惑力。但是，这样的一项实验如何能够预测孩子们的未来呢？很快，米歇尔就有了挑战者。他们认为，孩子能否成功，并不取决于他们在棉花糖实验中的具体表现，而取决于他们的家庭背景。事实证明，面对棉花糖的诱惑，出生于富裕家庭的孩子比穷人家的孩子抵御诱惑的能力更强，与此同时，他们还更愿意合作，更愿意等待，也更愿意信任他人。相比之下，穷人家的孩子普遍缺乏耐心，不能长久地等待。所以，挑战者认为家庭条件起到了至关重要的作用，决定了孩子未来的发展。穷人家的孩子有很强烈的危机意识，他们也许这一刻能够吃到棉花糖，下一刻就会失去棉花糖，所以他们不愿意因为等待而承担失去的风险。此外，很多穷人家的父母都没有能力兑现对孩子的承诺，为此孩子不愿意等待，而是希望父母在说出承诺之后，能够当即做到。富人家的父母则有能力对孩子兑现承诺，因而孩子愿意相信父母的承诺，也愿意耐心等待父母兑现承诺。他们怀着美好的期望和憧憬，享受着父母的关心与照顾。

时至今日，我们对棉花糖实验有了全新的认知。原来，孩子的延迟满足能力并非是与生俱来的，而是在家庭环境中逐渐培养出来的。在幸福的家庭里，孩子不管是在物质层面上还是在精神层面上，都能获得稳定的满足，所以他们拥有安全感，对未来也心怀期待。正是因为如此，他们才能在长大成人之后充分发挥自身的能力，获得成功。

现代社会中，一些孩子患上了不同程度的心理疾病，甚至患上了抑郁症、躁郁症等。有些父母把孩子患上心理疾病的原因归结于社会生活和教育模式，殊不知，家庭应该成为孩子的屏障，父母理应肩负起保护孩子的责任，为孩子提供缓冲器，避免孩子在巨大的社会压力中受到强烈冲击。

事实证明，对于大多数心理稀缺的孩子而言，物质稀缺并不会对他们造成严重的伤害，情感稀缺才会让他们不堪忍受。情感稀缺不是因为家庭经济困窘，而是因为父母没有与孩子建立良好的关系，也没有与孩子之间培养深厚的感情。孩子天然地依赖父母，信任父母，所以父母要把家打造成孩子的避风港，父母也要全力以赴地为孩子化解外在的压力，呵护和保护孩子，影响和塑造孩子。父母既要看见自己，也要看见孩子，既要看见社会，也要看见家庭，既要看见当下，也要看见未来。

家庭教育，要尊重孩子的内心

很多孩子在成长的过程中，始终处于被父母控制和压抑的状态，虽然他们理智上告诉自己要孝顺父母，但是他们很难做出实际行动。现实生活中，很多所谓的学霸，或者其他父母羡慕的优秀孩子，或者是亲戚朋友交口称赞的孝子，时常目中无神，缺乏生命力和活力。在亲密关系中，他们表现得与在父母面前截然不同，让人大为失望。例如，有些大家庭里孩子们平日很孝顺父母，也会刻意地讨好父母，但是一旦到了分家产的时候，孩子们就会一反常态，为了满足自己的私利而不惜与兄弟姐妹反目成仇，把父母气得昏头涨脑。再如，有些孩子在恋爱过程中尽显自私本色，对于自己中意的女孩只会一味地索取，而从来不知道付出。还有些孩子变成了空心人，尽管他们有着出类拔萃的成绩和令人瞩目的表现，但是他们却不知道自己活着的意义是什么，毫无目标和干劲。还有的孩子心态扭曲，居然举起了罪恶之手，残忍地伤害父母。不得不说，这些孩子的行为已经突破了道德的底线，上升到触犯法律的程度。但是，换一个角度来看，他们其实是不知道如何拒绝和抵抗，因而只能以不当的方式，通过身体和行为发出绝望的呐喊。

　　当意识到亲子关系出现了重大变化时，父母必须首先反思自身，看看自己是否给予了孩子太大的压力，或者从未尊重过孩子的真实意愿和想法。作为父母，爱孩子则为之计深远，这不是要把自己认为好的一切都强加给孩子，而是要发自内心地尊重孩子，从每一个细节方面做到平等对待孩子。记住，孩子是一个活生生的人，而不是父母的附属品或者私有物，父母不管多么爱孩子，都不可能帮助孩子走成长之路。所以不要打着爱的旗号温柔地强迫孩子，更不要一旦对孩子不满意就谩骂和殴打孩子。孩子固然是爱父母的，但是他们终究会不断地成长，拥有自己独立的思想和意识，也会不愿意一味地听从父母的指令和安排。有人说过，人世间所有的爱都是以团聚为目标，唯独父母对孩子的爱要以分离为目标。当孩子发展成为独立的生命个体，能够脱离父母的庇护安然面对自己的世界时，就意味着孩子长大了，拥有了属于自己的翅膀，可以在属于自己的天空里自由地翱翔。此时此刻，父母唯一要做的就是祝福孩子，默默地目视孩子飞得越来越高，越来越远。

从人际交往的角度而言，任何关系都是双向的，也是相互的。当父母以爱的名义表达对孩子的敌意，孩子自然能够敏锐地感觉到。哪怕孩子始终处于沉默的状态，无法表达自己的负面情绪，但这并非意味着这种情绪是根本不存在的。很多父母都自诩甚高，他们常常说"天下无不是的父母"，以此把孩子的敌对情绪扼杀在摇篮状态。长此以往，孩子的负面情绪得不到发泄和释放，日积月累就会变得越来越强烈。此外，父母也无法接受孩子的真实情绪和感受，哪怕明明已经感觉到了孩子的敌意，他们也选择视而不见，听而不闻。我们永远也叫不醒一个装睡的人，孩子也正面临这样的困境。有些孩子在长期压抑的状态下，会通过无意识的举动表现出真实的内心，也就是用躯体化的方式表达负面情绪。明智的父母不会闭目塞听地对待孩子，而是会发自内心地理解、包容和接纳孩子，引导孩子有意识地捕捉到负面情绪和敌意的存在，从而以正确的方式去疏导情绪，消除敌意。

当发现孩子做出躯体化的表现时，父母一定要引起足够的重视，也要意识到问题产生的根本原因是父母无视孩子的敌意，忽略孩子的情绪。从现在开始，父母必须充分包容和接纳孩子，引导孩子用语言表达真实的感受，也给予孩子全方位的理解和关爱。尤其是要从思想的高度认识到孩子是独立的生命个体，尽管因着父母来到这个世界上，但是他们并不隶属于父母，也不需要全盘接受父母的命令。所有人都有与生俱来的本能，那就是自己为自己做主，自己说话算数。一旦孩子的这种本能被压制，那么他们就会寻求新的方式，甚至还会以更糟糕的方式宣誓对自己的主权。毫无疑问，与和谐融洽的沟通相比，其他方式只会导致更严重的后果。相信每一个父母都会权衡利弊，做出明智的选择，也以更加理性的方法对待孩子。

认识失当行为背后的负面情绪

每个人都有复杂的性格，其中有积极向上的性格，也有消极负面的性格。透过那些负面的表现，我们可以看到很多人们内心中深藏的负面情绪和感受，如焦虑、恐惧、愤怒、抱怨等。与此同时，这些负面情绪都是伴随着逃避心理而生的。有些人的失当行为并非是暂时出现的，而是在很长一段时间内稳定地表现出来，这意味他们行为背后的情绪表达也是非常稳定的，甚至已经固化为他们性格组成的一部分。

从心理学的角度来看，以客体关系理论作为依据，我们可以对性格做出阐述，即性格是每个个体内在的关系模式。这里所说的关系指的是主体与客体之间的关系，也就是你与他之间的关系。你是主体，他是客体。当客体接受了你的联结方式，不管你是以情感、意愿，还是以行为的方式传达的，你们之间就形成了关系。

新生命从呱呱坠地开始就踏上了旅程，在漫长的人生中，每个人都会经历各种各样的关系。如果说这些不同形式的关系是有起源的，那么这些关系的起源就是每个生命在幼年时期与父母形成的关系。孩子与父母的关系至关重要，将会影响孩子的性格形成，也会使孩子形成独特的情感模式和人际交往模式。通过幼年时期与父母之间的互动，每个孩子都会形成内在的自己。在整个幼年时期，如果孩子与父母之间建立了良好的关系，感受到了父母无私的爱，享受到了父母无微不至的照顾，那么在内心深处，孩子内在的自己也会与内在的父母非常亲密。等到渐渐长大成人之后，孩子就会把这种关系模式投射到与他人的关系模式中，从而顺利地与他人建立良好的关系。反之，在整个幼年阶段，如果孩子没有感受到父母的爱，也没有得到父母的照顾，还总是处于被父母忽略和漠视的状态，那么在内心深处，他内在的自己与内在的父母的关系就会失去平衡。这将会导致孩子在长大之后与他人建立关系时，也会处于失衡的状态。

曾有新闻报道，由于冲突，儿子动手伤害了母亲，在事后的调查中，人们了解到，儿子对妈妈的强制管教十分不满，他从心底里想要抗拒妈妈，但是恐惧使他不敢直接拒绝妈妈。最终，在各种负面情绪的积累和发酵中，悲剧发生了。很多孩子之所以性格暴戾，反抗父母，就是因为他们与父母之间始终处于控制与反控制、强迫与反强迫的扭曲关系中，这使他们的反逆心理越来越严重，失当行为也越来越明显。

面对一个愤怒的人，以强迫的方式压制他，并不能真正帮助他消除愤怒，而只是暂时强迫他把愤怒压抑到潜意识中。既然如此，他就只能以潜意识的方式表达愤怒。与其这样强行压制负面情绪，使当事人在无意识的状态下以身体和行动表达不满，不如引导当事人有意识地运用语言，以符号系统表达愤怒。这样才能避免愤怒以更具破坏性的方式表达出来，从而对愤怒起到正确疏导的作用。

在各种类型的关系中,当事人如果无故拖延,就是在以被动攻击的消极方式表达不满。只有改变心态,采取积极的方式去沟通,去努力争取得到自己想要的结果,我们才能更好地驾驭、掌控自己的人生。

第三章

拥有感恩之心，就会拥有值得感恩的世界

对于周围的一切，如果总是怀着抱怨和不满的态度，我们的内心就会渐渐失衡；如果换一个角度看待问题，调整自身的感受，拥有感恩之心，也做到知足常乐，那么我们眼中就会是值得感恩的世界。

拥有单纯的人生智慧

每个人的人生都是一场波澜壮阔的旅程，我们要全力以赴地活着。每个人都拥有不同的人生，有的人生波澜壮阔，有的人生波澜不惊，有的人生充满荣耀，有的人生却黯然失色。不管命运安排给我们怎样的人生，我们都应该始终坚定不移地走好属于自己的路，不以物喜，不以己悲。即使遭遇坎坷挫折，也要咬紧牙关熬过去，古人云，山重水复疑无路，柳暗花明又一村，即是对人生最真实的写照。

如果说人生是漫无边际的大海，那么我们就是驾驶着一叶扁舟的掌舵人。在波涛汹涌的大海上，我们究竟要如何做，才能避开滔天的巨浪，始终坚定不移地努力前行呢？有些人把这个问题想得极其复杂，还悲观地认为自身能力有限，无法与命运抗衡。从本质上来说，这个问题是很单纯的。每个人心中怀着怎样的理想和信念，就会吸引怎样的人来到自己的身边，也会促使相应的事情发生。正因如此，才有人说心若改变，世界也随之改变。对每个人而言，当务之急就是调整好心态，以积极乐观的心态投入命运的洪流，这样才能成为人生的弄潮儿，驾驶人生之舟奔向更美好的未来。

现实生活中，有的人总是能够得到成功的青睐，不管做什么事情都顺风顺水，如愿以偿，而有的人则恰恰相反，他们仿佛陷入了命运的泥沼中无法自拔，即使拼尽全力与命运博弈，也常常被失败纠缠，被厄运袭击。有心理学家针对这两种人进行了研究，最终发现他们在天赋方面并没有明显的区别和差异，而之所以前者能够获得成功，后者总是失败，是因为他们对待人生的心态截然不同。有些人英勇无畏，迎难而上，有些人胆小怯懦，知难而退。尤其是面对人生的困厄时，前者总是鼓起信心和勇气，不努力到最后时刻绝不放弃，而后者则总是陷入负面情绪，受到小小的打击就马上缴械投降。正如有人曾经说过的，成功会躲在转角处等着我们，所以不到最后时刻绝不要轻易言败，也许再多努力一次，就能如愿以偿地获得成功。伟大的发明家爱迪生为了发明电灯，尝试了一千多种原材料，进行了七千多场实验。试想一下，爱迪生发明了那么多东西，遭遇过的失败必然数不胜数。如果没有坚韧不拔的决心和勇气，那么他是无法战胜失败最终获得成功的。

作为松下电器的创始人，松下幸之助先生在幼年时期生活得并不顺利。他的父亲因为投资遭遇失败，赔得血本无归，无奈之下只好宣告破产。因为家境衰败，小小年纪的松下幸之助只好辍学，打工补贴家用。可以说，他是穷人孩子早当家的典型代表。他在打工的过程中吃尽了苦头，但是却从未放弃对生活的希望。为了让雇主满意，他全心全意地投入工作。看到松下幸之助对待工作责无旁贷，兢兢业业，雇主非常喜欢他。虽然打工的历程是漫长而又艰难的，但是却为松下幸之助积累了丰富的经验，也为他开创属于自己的帝国奠定了坚实的基础。

现实生活中，很多人没有做出伟大的成就，甚至没有创造属于自己的幸福生活。这不是因为他们在天赋方面不如松下幸之助，而是因为他们对待困难没有积极乐观的态度。俗话说，天无绝人之路，不管人生处于怎样的绝境，只要坚持不懈，只要永不放弃，就一定能够熬过至暗的时刻，创造生命的奇迹。

在人生的道路上，每个人的追求是不同的。有人追求金钱，目的是实现财务自由；有人追求权势，目的是想要高高在上的地位；有人追求幸福，唯愿岁月静好，一片祥和；有人追求自由，只想随心所欲做自己想做的事情。每个人的追求固然不同，本心却是相同的，那就是满足自己对生活的需求与渴望，获得安全感和成就感。然而，从本质上而言，不管是追求金钱权势,还是追求幸福自由,归根结底,人们都是为了获得选择权,也就是在面对人生的各种境遇做出选择的权利与资本。没有人愿意被动地接受命运的安排,更不愿意被厄运袭击却无计可施。拥有选择权的人可以自由自在地选择自己想要的生活,也可以以自己喜欢的方式享受生活。

每个人的能力都是不同的,这意味着不同的人将会创造不同的人生。我们要始终坚信,一切都是最好的安排。我们无法预知未来,不知道将来会面对怎样的境遇。但是,对于人生一定要提前规划,才能做到未雨绸缪。在生命的历程中,唯有激发自身的潜能,发挥自己的能力,才能有所收获,有所积累,也更能在面对各种各样的情况时从容不迫。既然无法预知和完全掌控人生,那么我们要做的就是调整好心态,以积极努力的态度应对变化莫测的人生,这才是人生的真谛。

不吝啬感谢他人

不管什么时候,都要怀有感谢之心。现实生活中,很多人不管得到他人怎样的善待和厚遇,都觉得他人理应友善地对待自己，因而对他人缺乏感恩之心。长此以往，他们就会特别吝啬感谢他人，甚至还会主动向他人索取。试问，你愿意与这样的人成为朋友吗？

做人一定要有感恩之心。尤其是在需要帮助的时候，他人对我们雪中送炭，伸出援助之手，我们一定要心怀感恩，也要找到合适的机会回报对方。中国最崇尚礼尚往来，人际交往讲究有来有往，才能建立良好稳固的关系，增进彼此之间的感情。否则，只是剃头挑子一头热，长此以往必然会让对方在心理上失去平衡，也就不会再继续用心维系与我们之间的关系。

命运常常会与人开玩笑，甚至恶意地捉弄人，使人面临飞来横祸，或者天降之灾。面对命运突如其来的打击，很多人都会陷入惊慌，不知道应该如何应对，更不知道要怎么做才能避免灾难的发生。然而，越是慌乱，越是会失去理智，无法理性地思考，那么很有可能错失解决问题的最佳时机，也就无法在第一时间解决问题。唯有端正心态，从容应对灾难，才能及时地采取有效措施，防止原生灾难引起次生灾难。这意味着面对灾难不要一味地抱怨不满，而是要心情平静地接受灾难已经发生的事实。

不可否认的是，在这个世界上，一定有人比我们更加幸运，也一定有人比我们更加不幸。要想以良好的心态面对命运的安排，我们既要看到比我们幸运的人，也要看到我们此时拥有的一切。然而，无论是羡慕还是庆幸，我们唯一需要做的就是坦然接受，从容应对。

人生看似漫长，实际上非常短暂。有人说，人生只有三天，那就是昨天、今天和明天。昨天已经成为不可改变的历史，明天还没有到来。对于所有人而言，真正能够把握和掌控的只有今天。每个人都要活在当下，感受当下的痛苦与幸福，把握当下的机会，才能切实地采取行动，改变命运，创造出属于自己的精彩生活。如果面对生活的不如意总是满怀抱怨，消极对抗，无所作为，那么随着时间的流逝和机会的消失，我们还有可能招致更加严重的挫折。现实生活中，人人都有烦心事，都有不能实现的愿望和梦想，如果总是为打翻的牛奶而哭泣，而不能做到忘记痛苦的过去满怀希望地向前看，那么则会错失更多生命中的美好事物。

很多人都习惯性地指责他人，对他人的付出却不懂得感恩和感谢。其实，我们应该感谢生活中出现的所有人和事，哪怕是挫折和磨难，也让我们有了全新的人生体验，积累了全新的人生经验。任何人都不可能脱离群里独自生存，我们生存所需要的很多物品都是其他人生产出来的，与此同时，我们也付出了辛苦的劳动，为社会创造价值，为他人提供生存的便利条件。正如法国名著《三个火枪手》中火枪手们经常说的"人人为我，我为人人"。我们应该主动对他人付出，也要对他人的付出心怀感谢。

感谢是一个非常美好的词语，我们发自内心地说出感谢的话，就如同在他人的心中注入一股清泉，可以使他人的心灵得到滋养。感谢还拥有神奇的魔力，能够瞬间拉近人与人之间的距离，使人们之间的关系变得更加和谐友善，且更具包容性。

勇敢追求自己想要的生活

对于人生，我们应该保持适度的认真态度，既不要过于认真，凡事都斤斤计较，也不要过于不在乎，凡事都敷衍了事，疏忽大意。每一个生命都是历经磨难才能成长的，与其虚度人生，不如全身心投入地活一次。唯有活得精彩，活出独属于自己的快乐与幸福，才不枉来到人世间走一趟。在生命的历程中，要更加重视过程，日常生活中的酸甜苦辣，都是人生的独特滋味，要珍视，也要接纳。有些人不切实际地期望人生一帆风顺，万事如意，却从未想过人生不如意十之八九，遭遇坎坷磨难才是人生的常态。人生,就是苦涩中带着甜蜜。

不管做什么事情,过于看重结果都会使人急功近利,迫不及待。有人把人生比喻成一场旅途,是非常贴切形象的。那么,在旅途中,我们是要心急火燎地盼望着马上到达目的地,还是怀着愉悦的心情欣赏沿途的美景呢?对于急迫的人而言,人生是匆忙的,越匆忙地追逐,反而越会错过很多生活中的美好。理解了这个道理,我们就会学会欣赏一年四季的美景,就会淡然走过人生的不同阶段,去深刻体验人生的悲欢离合。

毋庸置疑,人人都渴望获得成功,也迫切地想要实现成功的目标。对于自己认定的事情,我们必须下定决心坚持下去,切勿三心二意,更不能三天打鱼两天晒网。有些人一旦发现事情的发展不符合自己的预期,就会失望地选择放弃。殊不知,要想烹饪一锅美味的汤,就必须付出时间和耐心,坚持用合适的火候炖煮;要想做成一件了不起的大事,就更是需要坚持不懈,努力拼搏,即使遇到坎坷挫折也绝不气馁,而是坚持到最后一刻。

不可否认的是,正确的事情都是有难度的,即便正确的事情很简单,坚持下去也是一件十分不容易的事情。所以,坚持做难而正确的事情看似很容易,实则非常艰难。人,最可贵的是初心和恒心,现实生活中,很多人总是浑浑噩噩地度过一天又一天，不知道自己活着的意义是什么，也不知道自己应该创造怎样的人生。他们满足于生活的现状，享受着毫无变化的每一天，从事着安稳的工作，获得不多也不少的薪水。仅从表面看来，他们的确是很多人羡慕的对象，拥有很多人都渴望获得的生活。然而，等到辛苦一天后夜幕降临的时候，他们扪心自问，却发现自己距离理想越来越遥远。

那么，生活的意义到底是什么呢？对于不同的人而言，即使做着相同的工作，感受也有可能是完全不同的。做自己热爱的工作，我们会感到充实，也会拼尽全力争取做出成就；做自己讨厌的工作，我们会感到空虚，哪怕已经做出了成就，也会缺乏动力继续努力拼搏。所以，我们要从源头上解决问题，要选择自己所爱的工作，过自己想要的生活。有人说过，对于自己选择的道路，哪怕遭遇无尽的辛苦，也要坚持走完。的确，只有走在自己选择的道路上，我们才能做到无怨无悔，心甘情愿。反之，如果被迫走在他人代为选择或指定的道路上，我们哪怕一切顺遂，也会心不在焉。

每个人都有自己独特的气场，当怀着坚定不移的信念过自己想要的生活，我们就会形成强大的磁场，吸引自己想要得到的东西来到身边。这就是正磁场的强大吸引力。与正磁场相对的是负磁场，顾名思义，拥有负磁场的人心不甘情不愿地做很多事情，虽然的确付出了努力，但是未必能够得到想要的结果。正所谓自助者天助也，就是这个道理。

很多人都读过南辕北辙的故事，那么就会知道即使目标正确，如果选择了错误的方向，那么很多原本有利的条件也都会变成不利条件，非但无法帮助我们到达目的地，反而会使我们距离目的地越来越远。在人生中，每个人都不要急于努力，首先要确立人生的目标，继而要明确人生的方向，接下来就是不遗余力地奋勇向前，奋发向上。在此过程中，如果一切都发展顺利，那么我们要心怀感谢；如果有些事情的发展与预期不符，或者偏离了正常轨道，那么我们依然要心怀感谢。俗话说，不经历无以成经验，生命的过程就是经历的过程，唯有亲身经历，才能让我们成长和进步。从现在开始，就让我们怀着目标坚定不移地前行吧，我们既要跨过高山和大海，也要走过泥泞和荆棘。

要感谢困难的磨砺

正如一首歌所唱的，不经历风雨怎能见彩虹，没有人能随随便便成功。在这个世界上，从未有过天上掉馅饼的好事，更没有人能够一蹴而就获得成功。每个人要想变得更加强大，获得梦寐以求的成功，就要正视生活的困难，把各种艰难坎坷视为命运赐予自己的礼物。反之，如果一个人始终生活在顺遂的境遇中，就会如同温室里的花朵一样经不起任何风吹雨打，看似娇艳动人，实则不堪一击。然而，没有人能够永远在温室里生活。生活的本质就是充满了各种不如意，因为我们要经历过磨难，才能变成真正的强者。例如，唯有经历过失意，才会感恩和知足；唯有经历过伤害，才会珍惜关爱自己的人；唯有经历过寒冷，才会感受到温暖的可贵；唯有经历过打击，才会更加小心谨慎，避免再次犯同样的错误。

我们应该戒掉贪婪的欲望，感恩且知足。无论是面对顺境，还是面对逆境，都是经历的一切成就了现在的我们。在这个世界上，万事万物都是值得我们感恩的。例如，阳光普照大地，给予我们光和热；风雨交加固然可怕，却磨炼了我们的意志力；父母辛苦地养育我们，给予我们更多的关爱与呵护；老师耐心地教导我们，传授给我们知识，讲述做人的道理。心怀感恩的人才能更坦然地接纳磨难，因为他会意识到命运总是公平的，在关上一扇门的同时，也会打开一扇窗。

很多人之所以感到痛苦，并非他们没有能力应对磨难，而是因为他们始终焦虑不安、恐惧抱怨。对磨难怀着抵触的态度，我们就会迫不及待地想要逃离磨难；对磨难怀着接纳的态度，我们就会更加从容不迫地面对磨难。所以，最根本的在于转变心态，要以积极乐观的态度面对磨难，而不是总是在责怪、抱怨、忧愁与恐惧中生活。

虽然人人都希望岁月静好，但是人生的精彩之处正在于跌宕起伏。如果人生是一帆风顺、风平浪静的，那么就会失去很多美好且精彩的瞬间。这是因为苦难能够催生美好，也使人更懂得珍惜；苦难能够孕育希望，也使人走向成熟；苦难能够化解绝境，也能够使人砥砺前行。在苦难面前，曾经无忧无虑的我们开始躬身自省，明白必须坚强面对生活的道理。当苦难接踵而至，我们就会在接二连三的打击中变得越来越坚强，也会以这些苦难铺就通往成功的道路，让我们距离成功的目标越来越近。

人生充满了未知的变数，人生的独特魅力也恰恰在于变化无常。我们尽管不能完全凭着主观意志掌控人生，却可以努力改变能够改变的事情，与命运博弈，甚至战胜命运。人们常说，越努力，越幸运。这是因为努力的人才能最大限度地掌控命运，也才能紧紧扼住命运的咽喉，给予命运致命的打击。哪怕是在一切顺遂如意的情况下，也不要得意忘形，毕竟命运并非能够永远如我们所愿。从这个角度来看，人生就是我们与命运博弈的过程，我们与命运的博弈常常处于胶着状态，时而我们占据上风，时而命运占据优势。我们调整好心态，能够从容地面对命运的一切赐予，则意味着我们从心理上战胜了命运，也就有更大的希望主宰和掌控命运。

要想发自内心地感谢苦难，我们必须怀着谦逊的心，怀着谦卑的态度。对于不堪回首的过往，要及时地告别，也要认识到正是过往造就了今天的我们。对于那些曾经与我们为敌，对我们充满敌意的人，我们也要心怀感谢。俗话说，看一个人的底牌就要看他的朋友，看一个人的实力就要看他的朋友。如果以前从未奋力地与生活抗争过，我们怎么可能拼尽全力地成长，提升自己的能力和水平呢？即使有些人的确对我们居心叵测，满怀恶意，他们也教会了我们"害人之心不可有，防人之心不可无"的道理。对于任何事情，都要从辩证的角度进行分析。

很多功成名就过上理想生活的孩子，都会感谢父母曾经对自己的严格要求。在考入名牌大学之后，很多高三的孩子都由衷地感谢严厉的班主任，因为正是班主任的步步紧盯，才使他们在学习的过程中丝毫不敢松懈，始终在想方设法地提升成绩。总而言之，无论是朋友还是敌人，无论是亲人还是对手，在我们的生命中出现的每一个人,都曾经推动我们努力向前,他们对于我们的人生都是不可或缺的,也是至关重要的。

从现在开始,无论身处怎样的困境,无论遭遇怎样的磨难,都不要再牢骚满腹地抱怨了。唯有敞开怀抱拥抱困难,敞开心扉学会接纳困境,我们才能发自内心地感谢命运的安排,也才能更好地驾驭、掌控命运。

拥有美好心灵的力量

歌德曾经说过,美丽的容颜只能保持短暂的时间,唯有真正的美德才能流芳百世。这句话告诉我们,一个人真正的魅力是拥有美好的心灵,拥有高尚的品德,而不仅仅在于拥有美丽的外表。现实生活中,总会有人尤其看重自己的容貌,在改进容貌上花费过多的心思。不可否认,美丽的外表的确能够令人赏心悦目,但是和美丽的外表相比,良好的修养、不俗的气质,才是更恒久的魅力。

很多人都以美丽的外表吸引他人的关注,尤其以走在路上赢得的超高回头率为骄傲。殊不知,好看的皮囊千篇一律,有趣的灵魂万里挑一。即使绝色美女也禁不起审美疲劳的考验，但是充实有趣的灵魂却能给人日日常新的感觉。在历史上，有很多名人的婚姻非常幸福，这是因为他们更注重心灵的契合与精神的互动交流。例如，周恩来总理被誉为美男子，他的妻子邓颖超长相普通。但是，在漫长的一生中，周恩来总理始终深爱着自己的妻子，由此而见邓颖超的独特魅力。

人们常说，岁月不败美人。这句话的意思不是说岁月对美人无计可施，美人也能在岁月的流逝中永葆青春和美丽，而是因为美人除了拥有美丽的外表，还拥有高雅的气质和从容的仪态。正是因为如此，即使到了迟暮的年纪，她们也依然散发出独特的魅力，能够吸引很多人的关注。现代社会中，有很多老演员非常美丽优雅，她们高雅的气质令人羡慕，甚至比青春正好的年轻演员更有魅力。例如，老戏骨吴彦姝。无论是在电视剧《流金岁月》中，还是在电影《妈妈》中，她细腻的表演都可圈可点。她由内而外地散发出从容优雅和高贵的气质，尤其是在《流金岁月》中，她的眉目都在传情，表演细致入微。在电影《妈妈》中，她则入木三分地刻画了妈妈深爱女儿的表现，当得知六十五岁的女儿患上了阿尔兹海默症后，她当即开始锻炼身体，只为了能够多陪伴和照顾女儿几年。在影片的最后一幕中，她穿着旗袍，化着精致的妆容，把一生爱干净的女儿也打扮得干净漂亮，用轮椅推着女儿。这样的爱，令人为之动容，让人泪水夺眶而出。老戏骨吴彦姝成功刻画了一个倔强的妈妈形象，她塑造的母亲直到生命的最后一刻，依然不愿意向残酷的命运低头，这是因为她拥有美好心灵的力量，始终对生活满怀热爱，始终不愿意放弃努力。和青春靓丽的女演员相比，老戏骨吴彦姝也许不是最好看的，但却是更耐看的，因为她丰实厚重，有着坚实的底蕴。岁月不败美人，是因为美人拥有独特的魅力，永恒的气质。

不可否认的是，每个人的先天条件都是不同的。气质是如何形成的呢？气质取决于性格、心地、格局、观念等因素，也表现在一个人的举手投足、一颦一笑和形体仪态之中。真正的美是由内而外散发出来的，如同流动的清泉，如同无声的画面。气质既是一种境界，也是一种风韵，每个人只有形成自己的独特气质，才能具有更高的辨识度，才会更容易受到他人真心的喜爱。

天生丽质的人无须骄傲，因为只凭着美貌无法成为独特的存在；天生长相平平的人也无须自卑，因为尽管容貌是无法改变的，气质却是可以通过后天的学习和修养形成的。正如作家三毛所说，读书多了，容颜自然改变。很多时候，我们误以为已经忘记了曾经读过的书籍，却不曾想到这些书籍已经沉淀在我们的气质中，镌刻在我们的生命里，体现在我们的言谈举止之间。有的时候，这些书籍还会从生活和文字里偷偷地探头，瞧一瞧外面的世界。所以，我们要坚持读书，多读好书，才能不断陶冶心灵，让内心更纯净美好。只有拥有美好的心灵，才能永远地绽放。

美好的心灵不仅能让我们由内而外地散发魅力，还能提升我们各个方面的能力，使我们驾轻就熟地完成一些有难度的事情。正如英国著名思想家詹姆斯·艾伦所说的，与那些心灵肮脏的人相比，心灵纯洁的人更容易实现眼前的目标和人生目标，也因为无所畏惧而更容易获得成功。在现实生活中，很多人并没有过人的天赋，也并非精明强干，却始终牢记自己的人生目标，坚持不懈地努力，最终创造了他人眼中的奇迹。反之，有些人看似非常聪明，却因为心思过于灵活和多变，而不能笃定地坚持做好自己想做的事情，常常三心二意地改变主意，最终一事无成。因而，要想赢得命运的青睐，我们首先要让心灵变得纯粹美好。

除此之外，心灵纯净还能帮助我们制订周密详尽的计划，让我们可以全力以赴地推动计划顺利实现。一个人一旦产生了邪恶的念头，就会偏离人生的正常轨道，哪怕能够暂时获得成功，也无法长久地获得成功的眷顾。那么，如何才能让心灵变得纯粹美好呢？我们需要保持专注，全力以赴地做好自己想做的事情，全身心投入地做好本职工作。一个人在专注的状态下必然能够大幅度提升工作的效率，反之，如果总是思前想后、举棋不定，或者想一些无关的事情，那么就会分散心神，导致效率低下。所以，不要小瞧自己正在做的事情，而是要全神贯注地投入其中，争取把每一件事情都做到极致。当专注成为习惯，我们就会更轻松地实现既定的目标。

与其抱怨，不如埋头苦干

大文豪高尔基曾经说过，如果工作是快乐的，那么人生就是乐园；如果工作是强制的，那么人生就是地狱。在现实的职场上，很多人都亲身验证了这句话的正确性。当一个人对工作心生喜爱，满心欢喜，他们哪怕在工作的过程中很辛苦很疲惫，也依然会感到快乐和满足；反之，当一个人对工作心生抵触，满心厌恶，他们哪怕完成工作，做出了一定的成就，也依然会感到枯燥和悲困。对于职场人士而言，最糟糕的事情就是对工作满怀抱怨，这并非意味着他的工作真的非常糟糕，而主要问题在于他没有以良好的情绪面对工作，更没有以积极的态度接纳工作。

在职场上，很多人都对自己的工作牢骚满腹。有人抱怨工作的时间太长，害得自己都没有时间进行娱乐休闲活动了；有的人抱怨工作的强度太大，导致自己筋疲力尽地回到家里，连吃饭的力气都没有；有的人抱怨工作单位距离自己住的地方太远，每天都要花费很长时间通勤；有的人抱怨工作的薪酬太低，认为自己的付出与回报不成正比；有的人抱怨上司太过严苛，总是找各种机会批评、否定，甚至打击自己；有的人抱怨下属太过愚钝，对于一件简单的事情即使教了很多遍，下属依然一头雾水，不知道如何做得更好……总之，只要不喜欢某项工作，我们总能找出各种理由发牢骚，表达不满和抱怨。

那么，世界上有绝对完美的工作吗？在大多数人的心目中，完美的工作需要离家近，假日多，工作少，薪水高，时间短，福利好，上司和颜悦色，下属善解人意等。其实，每一项工作都有值得认可的优点，也有无法避免的缺点。正如金无足赤，人无完人，工作也不可能是绝对完美的。每一项工作本身就有各种各样的特点，再加上工作的人还有各自的偏好，这就更加剧了人们对工作的不满。毫无疑问，如果对工作不满，除了换一份工作外，我们显然无法做得更多。但是，即使真的换了一份新工作，我们就能保证自己对新工作感到满意吗？有很多职场人士在短短的时间里频繁地跳槽，甚至都不好意思把自己换工作的经历体现在简历上了。与其白白浪费时间适应不同的工作，不如调整好心态，脚踏实地地做好每一份工作。心理学领域的一万小时定律告诉我们，在任何岗位上，至少要踏踏实实、尽心尽力地工作五年时间，才有可能做出成就，才有可能看清楚自己未来的发展方向。从这个意义上来说，那些才从事新工作几个月甚至几天就迫不及待辞职换工作的人，不但对待工作不负责，对待自己的人生也是极其不负责的。

当然，很少有人那么幸运地正好从事自己喜欢的工作，很多人甚至没有从事与所学专业对口的工作，而是从事相关的工作。人们常说，选我所爱，其实，我们还可以做到爱我所选。如果说爱情有两种类型，一种是一见钟情，另一种就是日久生情，那么我们与工作也可以分为这两种类型，一种是对喜欢的工作一见钟情，另一种是对自己必须从事的工作日久生情。如果我们改变了对待工作的态度，不再排斥和厌倦工作，而是接受和喜爱工作，那么我们工作的状态就会改变，工作的结果自然也会随之改变。

从心理学的角度而言，抱怨根本不可能解决任何问题，反而会白白地浪费时间，导致自己原本能够抓住解决问题的好时机，机会却从自己眼前溜走。认清楚这个真相，我们就要彻底改掉抱怨的坏习惯，无论面对怎样的难题，都要第一时间理性地思考，抓住好机会致力于解决问题，改善现状。也许我们当前能做的有限，对于推动事情的发展并不能起到立竿见影的效果，但是如果我们什么都不做，就这样任由事态继续发展，那么事情的结果必然变得越来越糟糕。正如人们常说的，努力了未必有收获，但是不努力注定毫无收获。所以不管在什么时候，努力都是我们最靠谱的选择，无休止的抱怨则是我们必须避免的。

抱怨非但不能解决问题，还会影响我们的情绪。在抱怨的过程中，我们想到的是他人的缺点，想到的是事情最糟糕的结果，就会在不知不觉间对自己进行消极的心理暗示，使自己认定事情无法获得转机。一旦形成了这样的认知，我们就会无所作为，放弃努力。所以，我们要戒掉抱怨，给予自己积极的心理暗示，尽量朝着好的方面去设想，这样才能振奋精神，鼓舞信心，也在做好最坏打算的前提下，拼尽全力争取获得最好的结果。

常言道，拥有好工作不如拥有好身体，拥有好身体不如拥有好情绪。一直以来，心理学家误以为只有身体会影响情绪，如今，心理学家已经证实情绪也会反过来影响身体。如果一个人整日愁眉苦脸，唉声叹气，那么长期处于负面情绪中，就会出现一些身体上的症状，例如，加剧心脑血管疾病，患上消化系统疾病，等等。医学家证明，很多人的消化系统疾病，其实是心情压抑导致的。一旦调整好心情，消化系统疾病的相关症状就会慢慢消失。不仅作为健康的人要保持好情绪，哪怕是身患疾病的人也要保持好情绪，这样才能从心理的角度减轻症状，消除痛苦。

总而言之，人会产生各种各样的情绪。与其浪费宝贵的生命时光用于毫无意义的抱怨，不如把抱怨的时间用来埋头苦干。我们在学习上取得进步，在工作上做出成就，很多烦恼就会烟消云散了。记住，只有不抱怨，才会拥有最美好的人生。

谦虚低调，切勿肆意张扬

古人云，满招损，谦受益。这句话告诉我们，一个人会因为谦虚而获得好处，却会因为骄傲自满而招致损害。自古以来，中国人就特别推崇谦虚的品德，无论是在家庭教育中还是在学校教育中，孩子们从小就都被教导要谦虚低调。

无论是做人还是做事，也无论自身的能力是高还是低，我们都要始终保持谦虚低调。如果总是肆意张扬，则无异于把自己的实力和底牌亮给他人，很容易招致他人嫉妒，甚至还会被他人针对。唯有深藏不露，始终保持谦虚低调的品质，才能赢得他人的尊重，也会收获他人的赞美。反之，一个人哪怕真的能力超群，出类拔萃，如果不懂得"木秀于林，风必摧之"的道理，就会招人嫉恨，也会被他人渐渐地疏远和排斥。

谦虚低调的人不会为了争取利益就不择手段，与人明争暗斗。他们有着良好的心态，做事情稳中求胜，既不急于求成，也不焦躁难耐。他们会经过慎重的思考，采取有效的手段解决问题，即使是在拒绝他人时，也不会表现出高高在上、不可一世的样子，而是会找到合适的理由保全他人的颜面。正是因为如此，他们的人缘非常好，能够与他人之间建立良好的关系。众所周知，在现代职场上，人脉资源被提升到了前所未有的高度，是非常重要的资本，所以，谦虚低调的人从人际关系的角度来看，就已经占据了优势。

春秋时期，范家作为晋国的望族，始终谦逊的家风。正是因为如此，范家才能连续四代人都在朝廷里担任重要的官职，辅助朝政。

根据历史记载，范武子在朝廷里担任官职长达40年，不但立下了很大的功劳，而且拥有很高的职位。但是，他身居高位却不自傲，劳苦功高却不自负。在担任朝廷官员期间，他戒骄戒躁，谦虚谨慎，对待自己非常严格，对待他人却非常宽容。为此，朝廷里的其他官员都很尊敬他，也很崇拜他。他一边兢兢业业地辅佐朝政，一边严格教育儿子们，注重培养儿子们的品德。他深知，一个人唯有具备良好的品德，才能成为可用之才，也才能成为国家的栋梁之才。范武子的儿子范文子从小接受父亲严格的教育，对父亲的言行举止耳濡目染，长大之后果然如同父亲所期望的那样成了国家的栋梁之才，被君主委以重任。

有一天，范文子直到深夜才回家，范武子关切地询问原因，范文子回答道："有个秦国客人当朝提出了好几个难题刁难人，满朝文武大夫中只有我回答出三个问题。"听到儿子沾沾自喜的回答，范武子勃然大怒，当即训斥道："大夫们才学渊博，怎么会被区区几个问题难住呢，他们只是想把回答问题的机会让给长辈父兄而已。你这个毛头小子却不明就里，连续抢先三次，使他人没有机会回答问题。你这么鲁莽，要不是我在晋国，你只怕早就因为招人嫉恨落难了！"话音刚落，范武子就生气地拿起手杖狠狠地打儿子，他用了很大的力气，甚至打断了玄冠上的簪子。

受到父亲的训斥，范文子恍然大悟，更加深刻地认识到做人要谦虚谨慎的道理。没过多久，范文子跟随大军讨伐其他国家，获得了胜利。范武子站在人群里等着儿子凯旋，等了许久都没有看到儿子的身影。直到大军都进了城，范武子才看到儿子的身影。范武子询问原因，范文子禀告父亲："军队大获全胜都是主帅郤献子的功劳，我不能率先归来抢了主帅的风头，所以才走在大军最后。"听了儿子的话，范武子如释重负，倍感欣慰。

后来，范文子也教导自己的儿子范宣子谦虚礼让，恪守家风。范宣子官至高位，以出色的政治才能辅佐晋悼公再振晋国霸业。面对升任中将军的机会，他大力推荐上军将荀偃，真心让贤。在他的带领下，晋国渐渐形成了良好的风气。在为国家效力的同时，范宣子始终牢记祖训，恪守家风，教导儿子范献子绵延谦逊的家风。正是因为世世代代都传承谦逊的家风，范氏家族才能世代为官员，家族文化才能绵延不绝。

民间有句俗话，叫作一瓶子不满，半瓶子晃荡。这句话的意思是说，瓶子里装满了水就不会发出响声，而如果只装半瓶子水，就会咣当咣当地发出声响。做人也要牢记这个道理，始终保持谦虚低调，而不要总是张扬和炫耀。谦虚低调非但不会使人显得无知和浅薄，反而会使人显得高深莫测，具有风度和涵养。反之，喜欢张扬和炫耀的人，则总是迫不及待地亮出自己的底牌，显示自己的实力，还会为了争面子而犯不懂装懂的错误，反而会被人瞧不起。

在生命的历程中，很多人都会为诸如金钱、名利和权势等身外之物而辛苦忙碌，却忽略了自己真正拥有的心灵、情感、思想等的重要性。在熙熙攘攘的人世间，我们应该更加关注自身，关注本心，而不要被外部的人和事所影响，渐渐地迷失自我。我们更加关注自身和本心，我们就会感到知足，懂得感恩，也会坚定不移地行走属于自己的人生之路。

第四章

拥有良善之心，就会做出利人利他的行为

一个人执着于满足自身的各种需求，维护自身的利益，渐渐地就会忽略他人，漠视他人。长此以往，他必然变得自私自利，不能主动站在他人的角度上思考问题，也不能设身处地地为他人着想。这样的人常常会把人生的道路越走越窄。任何人都必须拥有良善之心，坚持做出利人利他的行为，才能拓宽人生的道路，赢得他人的尊重和认可，做出伟大的成就。

坚持利他之道

《大学》记载:"财聚则民散,财散则民聚。"这句话的意思是说,把钱财分享给更多人,才能赢得民心;如果只知道聚敛钱财,就会渐渐地失去民心。很多富人都明白这个道理,所以他们积极地投身于公益事业,用自己辛苦赚来的钱给更多的人带去福气。例如,股神巴菲特、微软帝国的创始人比尔·盖茨等,都是积极从事公益事业的人。他们拥有大量财富,却从来没有被财富所累,他们经常用自己的钱财帮助世界上很多身处困境的人。正是因为如此,他们赢得了口碑,也改变了人生的状态。

在现代社会中,人与人之间的关系变得越来越复杂,其中还会牵扯到很多利益纷争,这使得我们很有可能在不知不觉间损害他人的利益。为了避免这种情况出现,我们就要有意识地怀有利他之心,尤其是在与他人合作时,不要为了小小的利益就与他人争辩不休,伤了和气。与其如此,不如主动地让利给他人,也在运筹帷幄的时候把他人的利益纳入考虑的范围,这就从根本上避免了与他人的利益之争。除了个体与个体之间存在利益纷争外，企业与企业之间也面临着瓜分蛋糕的情况。在分蛋糕时，很有可能因为各种原因而出现分配不均的情况，导致各种问题的产生。那么，作为企业的掌门人，切勿唯利是图，而是要考虑到诸多同行的利益，从而营造良好的行业氛围，做到有福同享。

对于利益，曾国藩曾经说过"利可共而不可独"。他告诉我们，越是遇到好事情，越是要主动与人分享，而不要贪婪地独占。在现实生活中，利益有大有小，无论是大的利益还是小的利益，分享都能让快乐加倍。很多人一旦遇到好事情，就会当即告诉更多的亲戚朋友，这种激动喜悦的心情是难以言喻的。毫无疑问，对于分享喜悦，大家都是毫不吝啬的，从深层次的心理来说，这种分享中还带有炫耀的意味，想赢得他人的羡慕。那么，如果分享的不是喜悦，而是利益呢？大家还会这么毫不迟疑、慷慨大方吗？现实告诉我们，很多人都不愿意与他人分享利益，这恰恰违背了曾国藩的做人之道。

从人生哲学的角度来看，如果一个人特别贪婪，总是想把所有的利益都据为己有，甚至想方设法地侵吞他人的利益，就会因此招致祸患。尤其是在现代社会，一个人仅凭着自己的力量很难轻易地获得成功，只有把自己微小的力量融入团队之中，和所有的团队成员齐心协力地做到最好，才能获得预期的结果。古人云，得道多助，失道寡助。此外，从人际关系的角度来说，当一个人过于看重利益而疏远他人，从长远角度来看，是不利于自身成长和发展的，也会被他人疏远和排斥。所以面对利益，一定要有大格局，要坚持长远的眼光，这样才能合理地分配利益，让助力自己的人感到满意。

对曾国藩而言，组建湘军是他一生中最大的功绩。为了组建湘军，他克服了很多困难，做出了很多努力，耗尽了心血。最终，他彻底粉碎了清朝统治阶级不切实际的梦想，也彻底摧毁了太平军。但是，当取得成就时，他却没有居功自傲，而是两次把自己的功劳让给了他人。当时，太平军在进攻南京失败之后就试图攻占安庆作为跳板。曾国藩带领湘军在安庆与太平军展开了激战，最终大获全胜，却在朝廷论功行赏时归功于战友。那么，曾国藩为何这么做呢？实际上，这一则可以表现出他的大度，为他赢得更多人的尊重；二则可以拉拢与战友的关系，让战友更加死心塌地地为他效力；三则还可以避免功高震主，引起当朝皇帝的忌惮。由此可见曾国藩深谋远虑，志向高远。

曾国藩与人分享利益的智慧也同样适用于职场。在职场上，很多人仗着自己能力强，就想要占头功，甚至独占所有的功劳。虽然这么做在短时间内能够为自己赢得领导的关注和赏识，也能为自己争取到更多的利益，但是长远来看却不利于经营人际关系。俗话说，要想做好事，就先要会做人。一个人只有才华而没有高尚的品德，没有为人处世的智慧，是不可能得偿所愿的。从情商的角度来看，学会与人分享利益不仅表现出我们的善良，也能体现我们的高情商。

只有真心地为他人考虑，维护他人的利益，我们才会愿意与他人分享利益。在坚持这么做的过程中，我们将会建立自己的诚信大厦，树立自己的威信，为后续的工作奠定坚实的基础，清除所有的障碍。正如商鞅要先立木取信，才能推广改革措施，我们也先要与他人分享利益，赢得他人的信任和追随，才能成就大业。

一切成功的大厦都建立在利他的基础上。无论是工作还是日常生活，做人做事的道理都是互通的。要想做好人，会做人，我们就要学习主动让利，也以利益加深与他人的良好关系。只有建立了好的关系，我们与他人的相处、合作才会更加持久和长远。

不吝啬自己的善意，学会利他

企业必须依托于员工而存在和发展，如果失去了员工的支持，那么企业的发展便很难蒸蒸日上。早在古代，先哲就曾说过"水能载舟，亦能覆舟"，目的在于提醒君主要收拢民心。这句话运用于现代职场也是很合适的，那就是员工既能齐心协力鼎力相助公司发展，也能如同一盘散沙一样分散力量，使公司越来越衰败。只有深刻认识到这个道理，经营者才会明白企业存在的意义在于每一位员工，企业经营的目的在于为社会提供价值。一家企业、一个企业经营者，必须拥有利他精神，才能奠定生存和发展的坚实基础，也必须始终坚持利他原则，才能真正站在价值的角度上思考问题，与社会产生共鸣，也才能以人性化的管理获得员工的认同，采取有效的措施激励员工全力以赴投入工作。

从普通员工的角度来看，企业发展的很多事情的确是与自己无关的。但是，作为企业的经营者和管理者，则不能只盯着自己的分内之事。换言之，企业经营者和管理者的分内之事原本就是与普通员工不同的。如果说普通员工的本职工作是看好眼前的机器，保证机器正常运转，那么作为经营者和管理者的

心理投射

本职工作则是保证整个组织正常运转，此外还要关心每一位员工的需求是否得到了满足。

说起利他之心，很多人都会想到家国大义。的确，越是崇高的理想，越是需要利他之心去支撑。同样的道理，小到企业，再到家庭，都需要所有成员怀有利他之心。

有些人坚持明哲保身的人生原则，对与自己无关的事情丝毫也不关心，缺乏社会责任感和使命感。这样的人对待工作当一天和尚撞一天钟，很少会全身心投入其中，也经常缺乏热情和激情。从本质上来说，他们缺少的是利他之心。仅从字面来看，利他这个词语很简单，也很容易理解。所谓利他，就是做有利于他人的决策和举动，先人后己，把他人的利益放在前面，把自己的利益放在后面。例如，我们优先考虑满足家人的需求，在财力有限的情况下先为家人购买必需品；我们优先考虑满足同事的需求，在机会有限的情况下先把机会让给同事。这都是利他的表现。

利他的行为可大可小。股神巴菲特捐献出巨额款项给公益事业是利他，我们在排队的时候让老幼病残优先也是利他；一个人用积攒废品换取的金钱资助穷困学生完成学业是利他，我们把面包送给饥饿的孩子吃也是利他；一个人花费重金为村子里修路是利他，我们点亮家门口的一盏灯，给晚归的人照亮也是利他。总之，每个人只要根据自身的能力，为他人做一些力所能及的事情，就都是利他。让我们勉为其难地超出自身能力去帮助他人，我们很难做到，但是我们做力所能及的事情，则很容易做到。善心不分大小，好事不问结果，只要出于好心去做一些帮助他人的事情，我们就是利他的，这一点毋庸置疑。

在充满平凡琐事的生活中，利他无须大张旗鼓。例如，同事家里有急事需要离开，我们承诺帮助同事完成剩下的工作；家人生病了，我们精心地准备可口的饭菜给家人享用；在路上遇到有人需要帮助，我们热心地伸出援手，或者帮助对方拨打求助电话……只要心怀利他之心，即使我们没有很多钱用于帮助他人，也没有很强的能力为他人排忧解难，同样可以给他人带去温暖，帮助他人感受到人生的小确幸。

在寒风凛冽、雪花纷飞的冬日里，一个小男孩拎着一篮子日用品，在风雪里艰难地前行。他全身都被冻透了，手更是彻骨地寒冷。他走了很远的路，也没有卖出去任何一件日用品，又因为饥寒交迫，他不由得感到万念俱灰，忍不住想到："爷爷奶奶年纪大了，根本没有钱供我上学，如果不能凑够学费，我就只能辍学了。生活这么令人绝望，我还不如辍学打工，赚钱养活爷爷奶奶呢！"

走着走着，他来到一户人家面前。他实在太冷了，因而小心地敲了敲门。过了一会儿，一个女孩打开门。男孩胆怯地问道："请问，可以给我一杯热水吗？"女孩答应了男孩的请求，几分钟后端着一大杯热牛奶走到男孩面前，说道："快喝吧，太冷了。"男孩放下篮子，用两只手小心翼翼地捧着牛奶，小口小口地喝着。他很忐忑，不知道这样一杯牛奶需要多少钱，而他身无分文。喝完了牛奶，他不安地问："请问，我需要付多少钱，我很快就会拿来钱还给你的。"女孩笑着摇摇头，说："奶奶告诉我，赠人玫瑰，手有余香。这杯牛奶是送给你的。"男孩感动得满眼泪水，他谢过女孩，迈着坚定的步伐朝前走去。他暗暗地告诉自己："我一定要努力学习，将来也成为能够帮助他人的人。"

若干年后，女孩身患怪病，在家乡走遍了很多医院，医生都无计可施。她辗转来到另一座城市的大医院，想做最后的努力。爱德华医生接到会诊通知，看到病人的基本情况栏目里赫然写着他家乡的名字，他心中一惊，飞奔到病房。隔着门上小小的窗户，他看到了女孩熟悉的面孔。很快，医生们齐心协力治好了女孩的病，到了出院的日子，女孩担心自己没钱支付昂贵的医药费。当从护士手中接过出院结算清单时，女孩紧张地看向金额栏，却意外地发现那里写着"一杯热牛奶，爱德华医生"。女孩忍不住潸然泪下。

利他行为就像是寒冬里的暖阳，就像是荒原上盛开的小花，就像是炎热夏季里的一片片荫凉，给人带来心底里的光亮和希望。古人云，不以善小而不为，不以恶小而为之，正是这个道理。

在人际交往中，一切的关系都是相互的。当我们无意间帮助了他人，就种下了善念，这种善念会被传递给更多的人，最终让爱洒满人间。在自己面临困难时，这种善念还有可能回到我们的身边，回馈到我们自己身上。

帮助他人，就是帮助自己

从某种意义上来说，帮助他人，就是帮助自己。正如《爱的奉献》这首歌里所唱的，只要人人都献出一点爱，世界将变成美好的人间。爱能温暖人间，为我们营造充满善意的生存环境。当我们怀着利他之心为人处世，热情地伸出双手帮助他人，就会在不经意间得到好运的眷顾，也有可能得到他人的涌泉相报。所以,当心有余力的时候,不要吝啬自己的善意,而是要慷慨地对待他人。

无论对于他人还是他事,心怀冷漠地冷眼旁观都是要不得的。今天,如果我们无情地对待他人;未来,他人就会自私冷漠地对待我们。不如设身处地地想一想,如果此时此刻我们与他人一样正在经受痛苦的煎熬,正在迫切地渴望得到他人的帮助,我们又会有怎样的感受呢?人与人之间的关系盘根错节,曾经有心理学家提出,原本素不相识的两个人只需要通过六个人介绍,就能获得联系。所以,不要把自己看作是世界上孑然独立的个体,而是要把自己置身于人群中,从人类社会整体发展的角度衡量自己的行为举止,判断自己的思想和价值观念。

对于坚持利他,也许有人会提出质疑。尤其是在竞争激烈的社会里,只靠着与他人分享利益,关爱他人,似乎并无法从竞争中脱颖而出,为自己赢得一席之地。的确如此,尽管生活不是做慈善,在竞争越来越激烈的生活中,我们也要怀有利他之心,首先体谅他人,然后做出有利于他人的举动。唯有如此,我们才能站在他人的角度思考问题,解决问题,胸怀才能变得更加宽容博大,理解他人,包容他人。我们要始终坚信,对他人的善意必然会回馈到我们自己身上,这就是人们常说的种瓜得瓜,种豆得豆,种善因得善果。

日本著名的刀具品牌京瓷的发展颇具代表性。几十年前,有一家生产和销售车载对讲机的企业陷入了经营困境。面对着几千名员工,经营者绞尽脑汁也没有想出拯救企业的办法。后来,京瓷出手相救,然而公司合并后,才发现这家公司的工会组织思想偏激,行为极端。所有的工会成员都热衷于开展工人运动,而没有把心思用于更好地开展工作上。他们的态度极其强硬,经常提出各种违背常理的要求,如果被拒绝就会非常愤怒地举行示威活动。因为工会组织的问题,京瓷用了几年的时间都没有摆脱经营困境。然而,京瓷始终将心血倾注于重新建立事业。又过去几年的时间,这些思想偏激的工会成员终于离开了企业,此后,经营者依然致力于提升企业的生产效率,提高企业的利润率。最终,在经营者和专家的共同努力下,企业终于开始扭亏为盈。所有留下的员工都特别骄傲和自豪,因为正是他们共同的努力,公司才能熬过最艰难的时刻,守得云开见月明。

转眼之间,十几年过去,京瓷收购了一家经营不善的复印机公司。曾经带领京瓷走过至暗时刻的核心人物,再次带领员工们开始重建这家复印机公司。他非常感慨自己角色的转变,因为在京瓷遭遇极端困境时,他正是专家帮助的对象。此时此刻,他凭借着自身积累的丰富经验,成功地带领复印机公司走出了发展困境。

一切正如人们常说的，三十年河东，三十年河西。这句话既表现出命运的无常，也表现出风水轮流转的规律。任何人，都不要因为一时的发展顺利而得意张狂，也不要因为一时的失意落魄就灰心丧气。命运始终掌握在我们自己的手中，只要我们不放弃，命运终会向好的方向发展。

哪怕身处逆境，只要心有余力，我们就要竭尽所能地帮助他人。因为当我们明哲保身的时候，他人就会感受到我们的冷漠和自私，当我们需要帮助的时候，他们就会学着我们的样子。从广义的角度来说，全人类构成了人类命运共同体，各个国家的发展都是联动的，也是互相影响的。从狭义的角度来说，人是社会性动物，没有人能够脱离群体自给自足地生活。唯有洞察生命的真相是合作共赢，我们才会慷慨大方地援助他人，也才能以热情点燃生命，以温暖融化寒冰。面对那些原本就自私冷漠的人，我们不妨主动地伸出橄榄枝，积极地向他们示好。只要我们坚持这么做，相信他们一定会被我们感染，也积极地给予我们回应。俗话说，有来无往非礼也，我们既要懂得回报他人，也要坚持主动付出。在与人的善意交流中，这个世界才会变得更加美好，更加温暖。

第四章　拥有良善之心，就会做出利人利他的行为

人际交往要明察秋毫

　　一直在商海里起起伏伏的创业者们最终得出了结论，即只要是秉承利他原则做出的决策和判断，都无一例外地获得了成功。其实，不仅在商业领域中需要坚持利他原则，在生活中处理各种事情的时候，也需要坚持利他原则，这样才能全盘考虑，也把他人的利益纳入我们的考量范围，由此一来既避免了与他人进行利益之争，也能表现出我们的宽容大度和大局观。正如人们常说的，要想做好事情，就要先学会做人。真诚友善地对待他人，考虑他人的利益，满足他人的需求，正是本分做人的重要方面。

　　对于利他原则，很多人也心生疑惑。他们忍不住会问："对于和我们一样老实本分、遵守规矩的人，坚持利他原则当然是没错的。但是，对于那些居心叵测、心怀恶意的人，我们很有可能在主动让利之后，对方反而变本加厉，由此使自己陷入被动的局面，该如何是好？"的确，这样的考虑并非多余，这种情况是完全有可能发生的。俗话说，人善被人欺，马善被人骑，有些人总是欺软怕硬，一旦发现他人过于善良，就会想方设法地欺负他人。对于这样的人，一定要奋起反击，而不要

103

哑巴吃黄连，有苦说不出。做人既不要过于强势，也不能过于软弱，唯有把握合适的度，才能以恰到好处的姿态维护自己的利益，照顾他人的颜面，两者兼顾。

此外，每当受到他人的伤害时，我们先不要急于指责他人，而是要先反思自己是否曾经伤害过他人。俗话说，以牙还牙，以眼还眼。很多人对于给他人造成的伤害，总是不经意间就遗忘了，即使有朝一日被他人以同样的方式伤害，他们也想不起来问题的根源所在。要想从根本上杜绝这样的情况发生，就要对自己高标准，严要求，除非与对方有着原则性的冲突或者是利益纠葛，否则不要轻易伤害他人。

还有一种情况，那就是发现自己的身边存在居心叵测的人，为此感到万分苦恼。俗话说，物以类聚，人以群分。一个心地善良、正直无私的人是不会与居心叵测者成为朋友的。现代社会讲究圈层，意思是说那些拥有相似的人生观、价值观和世界观的人，那些有着共同志向和伟大理想的人，那些待人处事的原则大同小异的人，才能成为朋友，在共同构建的圈子里做喜欢的事情，谈天说地顺畅交流，不亦乐乎。因此，我们要远离品格低劣之人，择善人而交，择君子而处。

那么，面对那些居心叵测的人，我们应该怎么办呢？首先，要防患于未然，在意识到他人品行不端之后，最好远离他，避免发生任何形式的关系。其次，对于已经建立关系的居心叵测者，则要找理由疏远他们，让彼此之间的关系维持在客套的程度，而不要进一步加深关系。最后，对于那些已经表现出恶意的人，一定要坚决与对方断绝关系，绝不与对方见面。当然，根据情况的不同，要采取相应的策略。如果对方是同事、上司，那么没有必要因为对方的存在而辞掉工作，这就需要我们灵活地运用各种策略，与对方周旋。

总而言之，虽然对方图谋不轨，但是我们也要更加聪明。所以，既不要过于害怕和忌惮对方，也不要一味地逃避和隐忍对方。针对不同的情况，我们要随机应变，这样才能以不变应万变，也才能保护自身的权益不受损害，保证自身的安全和心理健康。

需要注意的是，不管对方采取多么卑劣的方式对待我们，我们都要秉承做人的原则和底线，不要为了报复对方就"以其人之道，还治其人之身"。我们可以以子之矛攻子之盾，但是不要学着对方使用下三滥的手段获胜，否则就是胜之不武。最糟糕的是，在模仿对方的过程中，我们还会玷污自己的心灵，使自己也越来越堕落。俗话说，身正不怕影子斜。当我们坚持走正道，坚持做人的原则和底线，就能严密地防范对方的诡计，我们在这些居心叵测的人面前也就无懈可击了。

在职场上，我们与同事之间常常面临着利益纷争。同事关系是非常特殊的，更不同于同学之间的情谊。有些情况下，同事之间需要互相合作，精诚团结；在有些情况下，同事之间又会面临竞争，互相争辩，寸步不让。如何把握好与同事相处的度，如何与同事建立稳定的关系，这个问题需要慎重对待。有些同事平日里与我们交好，却会在产生利益冲突时故意造谣中伤我们，而一旦需要与我们合作，他们马上又会改变态度，以谄媚的姿态拉拢我们。面对这样两面三刀的同事，我们要学会与对方周旋，既不要大义凛然地训斥对方，也不要因为不满而刻意疏远对方。要知道，世界上没有永远的敌人，只有永远的利益。常言道，尺有所短，寸有所长。面对不同的同事，我们既要看到对方的优势和长处，也要看到对方的劣势和不足。所谓任人唯贤，就是各自发挥优势，集中力量实现目标。对于那些看重利益的同事，还可以以利益笼络对方，只要始终能让对方获利，对方一定会全力以赴地贡献力量。

一个人不管多么优秀，都不可能赢得所有人的认可和喜爱。我们每个人都是如此。古人云，己所不欲，勿施于人。所以我们要端正心态，既不苛责他人，也不苛责自己。古人云，水至清则无鱼，人至察则无徒，所以在保护自身的前提下，我们也要多多理解和包容他人，也要给予他人更多的尊重和体谅。

降低欲望，成为欲望的主人

有心理学家说过，欲望是人类烦恼的源泉。每个人要想消除烦恼，就要全力以赴地减少欲望，而不要总是被欲望驱使着，做出失去理性的举动，甚至违背道德，触犯法律，最终使自己陷入欲望的无尽深渊。现实生活中，很多人都被欲望驱使着做出各种举动，只有少数人能够成为欲望的主人，节制欲望，摒弃那些不合理的欲望，从而保证人生始终处于正常的轨道上。

每个人都在社会中生活。人与人之间的关系就像刺猬与刺猬之间的关系。在寒冷的冬日里，刺猬彼此依偎得太近，就会被对方身上的刺扎伤；一旦远离对方，又会感到寒冷。为此，刺猬只能不断地尝试和调整，最终与其他刺猬之间保持着适度的距离，既能够彼此温暖，又不至于被对方的刺扎伤。其实，人与人相处何尝不是如此呢？人人都想为自己谋取更多的利益，也想要满足自身的需求和欲望。在这种情况下，难免会发生矛盾，产生利益冲突，也会导致关系紧张。当认识到人际相处难题的本质，我们便很容易就能想出解决之道，即降低自己的欲望，更多地考虑他人的需求，从而与他人友好相处，彼此包容和体谅。如此一来，人际关系就会变得简单。

在商业领域中，可以说欲望是经济发展的重要杠杆。如果人类没有欲望，也不想方设法地维护自己的利益，那么商业就会从高速发展到缓慢发展，甚至处于停滞的状态。但是，我们决不能为了自己的欲望做出危害他人的事。有些化工厂为了赚取高额利润，不顾周边群众的生命安危，偷偷地倾倒废水，排泄废气，导致周边居民患上严重的疾病；有些企业没有为工人提供相应的保护措施，就让工人长期在充分粉尘的环境中工作，使很多工人都患上了严重的尘肺病，饱受疾病的折磨；还有些没有道德底线的小商贩加工食品时加入不符合食品要求的原料，将食品安全置于脑后；也有人贩卖没有消毒的二手衣物，导致各种传染病肆意蔓延。他们之所以做出这些举动，都是因为受到欲望的驱动。社会发展至今，很多问题都已经暴露出来，如全世界都面临的环境污染问题、贫富差距越来越悬殊的问题等。这些问题得不到及时解决，就会持续地积累，最终由量变达到质变，甚至能够彻底改变人类发展的轨迹。可以说，在如今的时代里，人类文明已经走到了紧要的转折点，将会对以后的人类文明产生深远的影响，甚至关乎到人类能否在地球上继续生存等重大问题。

如今，地球上的能源越来越紧缺，诸如石油、天然气、粮食等，都处于紧缺状态。如果人类依然不节制欲望，而是放纵自己的欲望，无休止地浪费能源，那么最终必然导致人类的灭亡。科学家们都提倡可持续性发展，意思就是要避免短视，不要认为淡水资源、石油资源、粮食资源等是取之不尽，用之不竭的。许多国家政府及组织已经有意识地号召人们节约能源，正是为了人类生存的长远之计。

作为普通人，我们的力量虽然有限，但也是不可或缺的。不要再怀着贪得无厌的心向世界索取了，其实，换个角度来想，一个人不管拥有多少金钱，也依然吃一日三餐，毕竟胃口只有那么大，消化能力也有限；一个人不管住着多么大的房子，也依然只能睡在一张床上，毕竟即使身材非常高大的人也就两米多高，一张床足以容纳一个人的身体。所以，我们哪怕不能做到清心寡欲，也起码要做到内心平静如水。对于维持生存需要的东西，我们要努力得到；对于很多可有可无的身外之物，我们则无须费心去得到。

人生看似漫长，实则有限。没有人知道生命将会在何时戛然而止，既然如此，我们更应该把握当下的好时光，全身心投入地享受生活，拓宽人生的宽度，让人生变得更加充实精彩。从现在开始，坐看花开花落、云卷云舒；壁立千仞，无欲则刚，以一颗知足的心面对生活吧！人们常说欲壑难平，非常贴

心理投射

切准确地描述了欲望的特点。在了解欲望的特点之后，我们要做的就是了解自己的欲望，做到理性且知足。能够节制欲望，方能成为欲望的主人而不是欲望的奴隶。

发挥自身的能力，坚持回馈社会

以马斯洛的需求层次理论作为依据，我们会发现，在满足了一切低层次的需求之后，人们会上升到最高层次的需求，即自我实现的需求。自我实现的需求比爱和尊重的需求更高一个层次，这意味着自我实现是每个人的终极需求，达成了这个目标，人生才真正称得上是圆满。当然，对于那些始终挣扎在贫困线上的人而言，满足生存需求才是头等大事，他们没有心思，也无暇考虑满足自我实现需求。尤其是当生存面临危机时，自我实现需求就更是被人们抛之脑后，毕竟唯有努力地生存下来，才能谈及其他。

利己是人的本能。每个人在内心深处都想要维护自己的利益，保证自己的权益，将自己的需求放在首位。然而，在后天接受教育和坚持成长的过程中，我们渐渐地意识到要顾及他人的利益，把他人的需求纳入考量的范围。这样一来，我们心中就有两个念头在打架，一个是本能的利己之心，一个是理性的利他之心。毫无疑问，一个人如果没有利己之心，就无法生存下去；但一个人如果没有利他之心，也无法很好地立足于社会。为此我们要做的不是让这两种念头一决高下，而是要使它们保持平衡，达到和谐共生的状态。

作为普通人，我们要尽量从理性的角度进行思考，不要让利己之心占据绝对的优势，驱使我们做出各种不合时宜的举动。与此同时，我们也要巩固利他之心的地位，提高利他之心在我们心中所占的比例。在此过程中，我们既能够完善人格，也能够磨炼心性。

在1984年于洛杉矶举办的奥运会中，山下泰裕获得了柔道项目的冠军。在日本的体育界，提起山下泰裕的大名，都无人不知，无人不晓。作为日本柔道界和体育界的领袖人物，山下有着独特的天赋。他很小的时候就高大魁梧，充满力量，活力绽放。为此，他也比一般的孩子更加顽皮，常常因为调皮捣蛋而闯祸，被老师批评和训斥更是家常便饭。

为了帮助山下收敛心性，父母建议他学习柔道，一则可以在运动中磨炼他的心性，二则可以帮助他消耗多余的精力，让他在运动之后更加安静随和。不想,小小年纪的山下很喜欢柔道,与此同时,他各个方面的运动能力都得到了快速提高。在坚持体育运动的过程中,他的人格发展越来越完善。看到山下如同变了一个人,父母都感到非常欣慰。正是这段时间的经历,让山下始终牢记日本现代柔道创立者嘉纳治五郎先生说过的一句话,即精力善用。聪明的山下还把这句话演变为热情善用、能力善用等,以此来指导自己的行为。

随着不断的成长,山下渐渐意识到善用就是利他,即发挥自身的能力帮助他人,为他们尽心尽力。这与肆意地发挥热情调皮捣蛋相比,所取得的结果是截然不同的。越是那些能力突出、才华横溢的人,越是要懂得善用自己的能力和才华,不但要造福于他人,更要造福于社会。

从山下泰裕的成长历程我们不难看出,每个人都有自己独特的能力,至于是否能够发挥自身的能力做出成就,回馈社会,则要看如何进行自我定位,如何坚持自我成长,如何实现自我价值。拥有异于常人的能力既是幸运的,也可能是不幸的。当我们把这种能力用在正确的地方,就能做出令人羡慕的成就,自然会引人羡慕;当我们把这种能力用在错误的地方,就会给自己和他人带来很多麻烦与烦恼,当然会令人心生反感。从这个意义上来说，独特的能力就像是一把双刃剑，我们要坚持把这把剑用在该用的地方，也要学会善用这把剑，创造生命的奇迹。

我们始终秉承利他之心，就会对他人怀着善意，对社会生活毫无保留地付出和贡献。对于每个人而言，这无疑是人生中最高的境界。当形成了这样的人生观，我们才能毫不吝啬地把自己的财富分享给需要的人，也才能在国家遇到危难的时刻挺身而出。

也许会有朋友认为自己能力有限，无法像那些大富豪或者是成功人士那样，成为社会生活中举足轻重的重要人物。其实，这样的担心是没有必要的。每个人都是世界上独一无二的存在，都有自己的优势和长处，也有自己的劣势和不足。既然如此，我们就要正视自身，接纳自身，这样才能发挥自身所长，竭尽所能地做出最大的贡献。即使只是作为一颗螺丝钉，我们也要坚守在自己的岗位上，而不要妄自菲薄。巨大的火箭如果有一颗螺丝钉松动了，就无法顺利地离开地球，飞向太空，由此可见，螺丝钉也有螺丝钉的重要性，也是不可或缺的。所以，我们每个人都要充分发挥自己的重要作用，为自己的事业努力奋斗。对于那些有着过人天赋和杰出能力的人而言，则要时刻秉承能者多劳的原则，心甘情愿地贡献自己所有的力量，而不要总是愤愤不平地抱怨为何别人做得少，而自己却要做得那么多。在现实生活中，并没有绝对的公平。每个人唯有找准自己的位置，扮演好自己的角色，发挥自己的作用，实现自己的价值，才能共同促进社会的发展。

第五章

拥有无比强大的内心，成就值得期待的未来

一个人唯有内心强大，才能创造属于自己的美好未来，才能在人生的旅程中乘风破浪，披荆斩棘。很多人都不知道自己具有很强的潜能，也不知道自己可以做到怎样的坚强。其实，不同的人成长于不同的环境，内心的承受能力是不同的。如果生活顺遂如意，享受着身边人的关爱，那么对于周围的人和事就会更加包容；如果生活充满艰难坎坷，遭遇很多不幸，那么就会使性格越来越偏激，心态也越来越消极。

相信自己，你一定行

在生活中，有些人运气特别好，总是能够得到好运的青睐，不管做什么事情，轻轻松松就能获得想要的结果；有些人运气特别糟糕，总是被厄运纠缠，无论多么努力拼搏，都常常事与愿违，甚至难以摆脱失败的境遇。有人认为，前者与后者的天赋不同，机遇不同，所以才会导致命运相差悬殊。其实不然，心理学家经过研究发现，大多数人先天的条件都相差无几，之所以有的人能够获得成功，而有的人总是遭遇失败，就在于他们坚持和努力的程度不同，面对人生逆境的心态也不同。很多人都在命运至关重要的时刻分道扬镳，在这样的时刻里，人们往往面临着前所未有的困境，说是如临深渊也不为过。身处人生的绝境时，我们一定要坚定不移地告诉自己"我能行"，而不要总是否定自己，给自己消极的心理暗示，告诉自己"我不行"。否则，就会从心底里泄了气，也就无法从容地攀登人生的巅峰，这就是因为不相信自己，给人生平添了许多障碍。

人们常说，世上无难事，只怕有心人。这句话告诉我们，人生中并没有真正的绝境，只要我们不放弃努力，始终坚持不懈地前行，就能走过泥泞和荆棘，就能跨过艰难和险阻，奔向自己想要抵达的远方。在关键时刻，即使只有一丝一毫的犹豫不决也是不可取的。古人云，一鼓作气，再而衰，三而竭，这就告诉我们，不管做什么事情都要怀着信心，勇往直前。一旦对自己产生怀疑，延迟了行动，那么既有可能错失良机，也有可能让自己如同皮球一样泄了气，自然不可能全力以赴地奔向未来。有的时候，命运的转折点未必出现在重大时刻，而是出现在不经意间，只是偶然的心态改变，就有可能影响人生的走向。从这个意义上来说，我们一定要有迎难而上的决心和勇气，越是面对艰难的处境越是要全力以赴，砥砺前行。俗话说，困难像弹簧，你强它就弱，你弱它就强。的确如此，所以我们面对困难首先要在气势上占据上风，其次要在行动上抢占先机。

面对困难，很多人都会采取逃避的态度，甚至做出逃避的行为。殊不知，逃避并能真正解决问题，只会使我们麻痹自己，面对困难时，像为了躲避危险将头埋在沙子里的鸵鸟。如果我们借着逃避的机会自欺欺人，假装自己已经解决了困难，那么就会在沾沾自喜的状态下错失良机，这样既不可能真正解决问题，也不可能收获成长。任何情况下，我们都要直面困难，也要勇敢地渴望和憧憬成功。仅从表面看来，成功貌似距离我们非常遥远，我们仿佛竭尽全力也未必能够获得成功，然而，这只是表象而已。信心和勇气是获得成功的必备条件，只要具有这两种优秀的品质，再辅以当机立断的行动，我们就能排除万难，勇往直前，最终会得偿所愿，马到成功。

在社会中，一个人不管从事什么行业，都要坚定不移地相信自己，发挥心灵的强大力量，既能看到前进的道路通向远方，也能毫不迟疑地清除成功道路上的各种障碍，让自己距离成功越来越近。

不管碰壁几次，我们都不能打退堂鼓，更不能轻易放弃。在我们的眼前，也许矗立着很高的壁垒，但是只要我们全力以赴，就能够成功地跨越。这是因为有些壁垒看似高大，却是纸糊的老虎，中看不中用；有些壁垒看似坚固，却很低矮，我们随时都可以一步跨过去；有些壁垒并没有那么长，我们可以采取迂回曲折的方式坚持前进。总而言之，任何困难都绝非不可战胜的，我们只要坚信自己一定能行，想方设法去战胜困难，打破壁垒，就一定能实现自我突破和自我成就。

俗话说，自助者，天助也。任何人都要坚信自己的力量，靠着自身的努力改变命运，掌控命运，才能赢得好运的青睐，得到命运的馈赠和善待。现代职场上竞争激烈，一个人必须使出十八般武艺，才能做到兵来将挡，水来土掩。但是我们应该铭记，世界上没有脚不能到达的远方，没有人不能实现的梦想，我们要拥有强大的内心，坚持自立自强，保持乐观自信，才能始终积极向上，努力攀登。当受到各种负面情绪的困扰时，一定要发挥自控力，调整好心态。正如人们常说的，心若改变，世界也随之改变。同理可得，心若自信，世界就掌控在我们的手中。

只有相信自己，我们才能激发自身的潜能，完全发挥自身的力量。相信，是一种力量，更是通往成功的必经之路。需要注意的是，不要让相信自己变成一句空洞的口号挂在嘴边，而是要以切实的行动努力践行这句话，让相信产生真正的改变，让相信成为蜕变的契机。

首先，相信是看见自己的内在生命。真正的强者很清楚自身的能力和水平，对于自己也有客观公允的认知，因此他们才会坚持成长，坚持进步，成为更好的自己。

其次，相信就是激发潜能创造奇迹。从本质而言，生命就是一场奇迹，充满着生命力。科学家经过研究发现，每个人都有大量的潜能正在沉睡，所有人都只是激发了自身的少部分潜能。可想而知，如果能够激发自身的大部分潜能，我们的变化定会让自己都震惊。

再次，相信是毫不怀疑，勇往直前。那些怀疑自己且内心自卑的人，哪怕是想做一件很简单容易的事情，也会再三迟疑，举棋不定，在内心挣扎的过程中，眼睁睁地看着好机会从自己眼前溜走，最后捶胸顿足，懊悔不已，却为时已晚。那些真正相信自己的人，从来不会怀疑自己，他们敢于尝试，敢于承担一切后果，所以会在深思熟虑之后，毫不迟疑地去做自己想做的事情和该做的事情。

最后，相信是悦纳自己，悦纳生命。无疑，命运给予了不同的人以不同的对待，使他们拥有不同的人生。所以有的人与好运相伴时，常常对命运心怀感激，与厄运相伴时，就对命运满怀抱怨，也对自己充满了不满和苛责。在这种情况下，要学会运用相信的力量，真正做到悦纳自己，悦纳生命。要相信一切都是命运最好的安排，正是因为过往的经历，才成就了现在的自己。我们既不要因为过去的事情而懊丧，也不要为未来的事情而担忧，最该做的就是活在当下，把握当下，拥抱当下，感恩当下。切记！生命不会永远繁花似锦，失败也是人生的常态，唯有做到坦然接受和面对，我们才能解锁人生的奥秘。

心理投射

任何时候，都不要轻易放弃

如果一定要说成功是有秘诀的，那么成功的唯一秘诀就是绝不轻易放弃。成功是非常顽皮的，和命运相伴而行的同时，也会与我们开很多玩笑。有的时候，成功明明已经应该出现在我们的生命中，但是它偏偏最爱捉迷藏，躲藏在不易找到的地方默默地关注我们，看我们接下来会怎么做。此时此刻，我们的心情非常沉重，因为失败而焦头烂额。越是如此，越是不要中了成功的圈套，而是要坚持不懈，继续努力。我们要始终牢记一个道理：如果你在努力之后依然没有获得成功，那么只能说明你努力的程度还不足，坚持的时间也不足。你只需要更深入地想一想，就会知道成功正在转角处等着你呢。所以加油吧，追风的人，只要努力奔跑，你就会比风跑得更快。

我们常常羡慕他人有着好运气，能创造美好的未来，却从未想到他人在努力拼搏的背后付出了多少汗水，多少泪水，还有多少鲜血。任何时候，我们都要本着脚踏实地、一步一个脚印的原则努力前行，才能给自己积累更多的人生资本，才更能把握人生中许多千载难逢的好机会。

尤其是在面临绝境的时候，更是要咬紧牙关苦苦坚持。要知道，黎明前是最黑暗的时刻，人生也是如此。当情况已经糟糕得不能再糟糕时，那么则意味着我们接下来不管朝着哪个方向突围，都将获得比现状更好的结果。所以，我们要做最坏的打算，但仍然努力朝着最好的结果奔赴。这种置之死地而后生的决绝和勇敢，必将助力于我们度过最艰难坎坷的时刻，迎来柳暗花明又一村。

公元前496年，吴王阖闾在与越王勾践激战的过程中身受重伤，虽然获得了胜利，却生命垂危。在奄奄一息的时刻，他嘱托儿子夫差一定要找机会为他报仇雪恨。夫差始终牢记父亲的嘱托，开始加紧训练军队，以做好充分的准备打败越国。两年过去，夫差看准时机，大败勾践。勾践陷入了绝境，原本想要自寻了断，但听从了谋臣文种的建议，决定献出美人和财富给吴国的大臣伯嚭，从而谋求生路。果不其然，在伯嚭的引荐下，文种顺利地见到了吴王夫差。他当即向吴王求情，并且告诉吴王："越王败给了您，心服口服，心甘情愿当一个降臣，为您效劳，只恳求您能饶恕他，给他活命的机会。"得到好处的伯嚭一直在旁敲侧击地帮助文种，给越王求情，虽然大臣伍子胥当即表示反对，强烈建议吴王要斩草除根，但是吴王还是小瞧了越王，认为越王已经不可能再对自己造成威胁。为此，他决定放越王一马，不但接受了越国的投降，还把勾践、勾践的妻子和勾践的大夫范蠡一起带到吴国为臣。在吴国，勾践从未忘记灭国的耻辱，但是他从不轻举妄动，更没有表现出任何想要报仇的意思。他还主动请求去给吴王的父亲看守坟墓，并且让自己的妻子如同婢女一样伺候吴王。渐渐地，吴王放松了警惕，居然于三年后放了越王和他的随从。

勾践回到越国，始终牢记在吴国遭遇的耻辱，他没有贪图享乐，而是发愤图强地发展农业，训练军队。因为担心自己在衣食无忧的生活中越来越懈怠，他没有住在华丽的皇宫里，而是住在茅草屋里；他没有穿着质地精良的衣服，而是穿着粗布衣服；他没有吃美味可口的饭菜，而是和老百姓一样吃粗粮和野菜。他在吃饭的上方悬挂了一只苦胆，每次吃饭之前他都会舔一舔苦胆，提醒自己牢记苦难和仇恨。在他的带领下，越国所有的大臣和百姓全都奋发图强。经过十年的努力，越国再也不是弱小的国家了，而是粮草充足，兵强马壮。在此期间，吴王夫差则刚愎自用，不但盲目地听信伯嚭的谗言，还为此铲除了忠心耿耿的大臣伍子胥。仅从表面来看，夫差虽然成功地获得了霸主的地位，但是实际上吴国的国力变得越来越衰败。

公元前482年，夫差为了争夺诸侯盟主的地位，亲自率领浩浩荡荡的大军北上，导致国内兵力空虚。越王勾践抓住这个好机会突然袭击吴国，还杀死了太子友。得知消息后，夫差率领大军火速回国，为了挽回局面，他还派出使者向勾践求和。勾践自觉无法与吴国抗衡并且获胜，就暂且同意了夫差求和的请求。到了公元前473年，勾践再次攻打吴国。此时此刻，吴国处于强弩之末，兵力衰弱，越国军队却如同猛虎下山，势不可当。眼看着即将亡国，夫差再次派出使者向勾践求和，但是此一时彼一时，在大臣范蠡的坚决主张下，勾践一鼓作气灭了吴国。夫差羞愧难当，拔剑自刎。

对于一个高高在上的君主而言，哪怕因为战败也不至于沦落到服侍敌人的境遇，但是为了赢得夫差的信任，让夫差对自己放松警惕心理，勾践就这么做了。从勾践的做法不难看出，他是能屈能伸的真强者，在背负亡国之恨的同时没有一日忘记报仇雪恨，就这样潜伏了若干年，终于得偿所愿。

卧薪尝胆的故事告诉我们，真正的强者拥有顽强的意志力，越是在看似绝望的境遇中，越是能够坚强勇敢地面对，甚至承受屈辱也要保存实力。现实生活中，很多人都过于刚强，而缺乏韧性，即使面对非原则性问题也会做出宁为玉碎不为瓦全的选择。人们常说留得青山在，不怕没柴烧，其实也是有道理的。面对困难，如果不能正面应对，那么不妨先采取迂回的策略，为自己赢得更多宝贵的时间，也争取得到援助。如果一个人能够想方设法地度过困境，与此同时还提升了自己的能力和水平，这就意味着他是真正的强者，拥有无比强大的内心。

人生是不可能一帆风顺的，而是充满了各种各样的挫折和磨难。面对自己确立的人生目标，我们一开始也许怀有热情和激情，立志要实现目标，但是随着时间的流逝，面对各种层出不穷的难题，我们的信心就会受到打击，希望之火也会越来越微弱。例如，我们兴高采烈地为自己制订了每天坚持晨跑五公里的计划，却在坚持了几天之后就彻底放弃了，因为我们发现跑步并没有帮助我们减肥。不得不说，这样的心态太过于急迫。坚持跑步几天并不能当即甩掉赘肉，唯有坚持不懈，持之以恒，才能减少身体中的脂肪，增加肌肉，也才能降低体脂率。此外，减肥不应该成为跑步的唯一目的。现代社会中，很多人都处于亚健康状态，就是因为缺乏运动导致的。减肥不但能够增强体质，还能够磨炼精神和意志，可谓一举数得。

即使一件简单的事情，要想长久地坚持下去，也并非易事。越是在毫无希望的时刻，我们越是要给自己找到充足的理由继续坚持，这样才能让内心充满力量。要知道，付出了未必有结果，但是不付出就注定没有结果，既然如此，我们当然要坚持付出。浮萍定律告诉我们，即使第一天池塘里只长出了一片小小的浮萍，但是，浮萍以两倍的速度每天都在生长，很快浮萍就会长满半个池塘。那么请问，还有多久浮萍就会长满整个池塘呢？答案就是一天。所以不是命运亏欠你，即使你努力了，但没有获得回报，可能只是因为你坚持得还不够久。

正所谓万事开头难。不管做什么事情，刚刚开始做的时候可能都是最艰难的，为此，很多人都会在刚开始时选择放弃，还美其名曰及时止损。殊不知，一旦养成了三天打鱼两天晒网的坏习惯，就注定一事无成。任何坚持不懈的付出都是有回报的，任何持久的付出都不会被辜负，我们只有恒久地坚持，才能由量变引起质变，最终让我们的人生实现质的飞跃。

坚持到最后，才可能获得成功

不管做什么事情，如果总是半途而废，那么是不可能获得成功的。古今中外，无数成功者都有自己获得成功的理由，但他们唯一的共同点是都能够坚持到最后。很多朋友都喜欢看好莱坞拍摄的大片，尤其喜欢欣赏这些大片中的硬汉形象。如果认真分析，我们就会发现这些硬汉身上最突出的品质就是坚持到底，也正是因为如此，他们塑造的形象才有独特的魅力。有些英雄即使被揍得面目全非，奄奄一息，也能凭着顽强的意志力再次勇敢地站起来，最终扭转局势，获得成功。

现代社会中，人人都渴望在事业方面做出成就，获得成功，这是毋庸置疑的。但是职场上的竞争越来越激烈，生活中的挑战更是层出不穷，如果不能拥有钢铁般的意志力，就无法坚持到最后，更不可能看到胜利的曙光。需要注意的是，钢铁般的意志力并非单纯指意志力要像钢铁一样强硬，也指的是意志力要像钢铁一般有足够的韧性。每个人的内心深处既要拥有安静的力量，也要拥有强烈的愿望，才能推动事物不断地发展，最终获得我们想要的结果。在追求成功的过程中，我们必然会遇到各种艰难险阻，也有可能被突如其来的困难打击，由此陷入绝望的深渊。面对这种情况，我们一定要以最快的速度从跌倒的地方爬起来，哪怕眼睛里含着泪水，也要微笑着拍拍身上的泥土，继续努力前行。当然，没有人能轻轻松松获得成功，也没有人能毫不费力就创造美好人生。俗话说，种瓜得瓜，种豆得豆，只有努力付出才会有所回报。在努力的过程中，不管遇到多少坎坷挫折，都要勇敢地站起来，修正方向，继续前行。所有成功者的共同点就是，他们具有永不放弃的精神，也有不达目的誓不罢休的决心和勇气。

我们一定要有水滴石穿、绳锯木断的精神。水滴的力量是很渺小的，但是只要坚持不懈，永不放弃，终究能把石头凿穿；和木头相比，绳子是柔软的，但是只要持之以恒地锯，总能锯断木头。这就是决心的力量。当一个人拥有这样的毅力，那么无论选择多么艰难的道路，最终都会抵达目的地，无论选择多么艰难的事业，都能如愿以偿获得成功。

当努力但没有结果时，我们不妨想想孔子曾经说过的话。孔子有云，苗而不秀者有矣夫，秀而不实者有矣夫。意思是，庄稼总有只长出禾苗而不开花的，也总有开了花却不结果的，用于阐述志向和行动的关系。在人类社会中，这种现象也很常见，总有人没有远大的志向，也总有人虽然树立了远大的志向，但是却迟迟不愿意采取行动。现实生活中，这样的人屡见不鲜，他们前一刻还在信誓旦旦地树立志向，后一刻就开始虚度宝贵的生命时光，把志向停留在口头上，而绝不采取行动。这样的人正如孔子所说，苗而不秀。也有些人在树立了远大志向之后，的确当即采取了行动，但是却没有毅力和决心坚持完成伟大的事业，最终半途而废，这与庄稼开了花却没有结果有什么区别呢？

如今，短视频非常火爆，很多人都放弃了此前从事的行业，开始拍摄短视频，并且希望能够以这样的方式成为网红，获得流量的红利。然而，打造出爆火的短视频作品并非容易的事情，必须要有巧妙的构思、新颖的立意，还要能够击中广大网民心中最柔软的地方，触动广大网民的内心。这些因素缺一不可，有些一夜爆火的短视频还很有可能背后有资本运作。民间有句俗话，叫作"只看到贼吃肉，没看到贼挨打"，很多人都陷入了这样的误区。看到他人轻轻松松拍摄短视频就有收入，甚至吸引了无数粉丝，他们也就做起了白日梦，梦想着自己也借着短视频的快车，一夜之间出人头地。但事实上，这只是一厢情愿的奢望而已。不管做什么事情，从产生想法，到制订计划，展开行动，再到获得结果，其间必然要付出艰苦卓绝的努力，也要持之以恒决不放弃，才能用心血浇灌出花朵，最终结出丰硕的成果。如果不能坚持到底，很有可能功亏一篑，使得前面的努力也白费了。这就是孔子所说的秀而不实。

总之，对于任何人而言，不管是做学问，还是想做出成就，都必须坚持到底，有始有终。毋庸置疑，做事情的过程中必然不会都是坦途和顺境，那么就要兵来将挡、水来土掩，遇山开路、逢水搭桥，而不能想到有可能遇到的问题就心生退意，更不能把事情做到一半又选择放弃。

我们既要接受命运的安排，也要主动创造生命的意义与价值。在生命的道路上，不到最后一刻，每个人都要保持积极向上的心态，这样才能迸发出努力拼搏的力量。有些人认为人生苦短，要即时享乐，为此一生墨守成规，安守本分，碌碌无为。但是，有些人也认为人生苦短，为此他们更加争分夺秒地努力活着，他们致力于实现生命的价值和意义，也致力于完成内心最伟大的梦想。生命的神奇之处正在于未知，也在于超强的可塑性。所以，在面对人生路上的艰难险阻，我们要以超强的韧性坚持到最后，去探索人生未知的奇妙之处，打造属于自己的传奇人生。

心怀美好的愿望

说起电影史上的经典，很多人都会想起《肖申克的救赎》，很多人特别痴迷于这部影片，甚至反复观看，堪称百看不厌。有些人每当情绪低落的时候，就会复习《肖申克的救赎》，仿佛这样就能获得精神力量，支撑自己重新站起来面对千疮百孔的生活。的确，谁的生活不是一地鸡毛呢？穷人为钱而烦恼，有钱的富人却为其他问题感到烦恼。每个人都要面对生活的不堪。此时，如果就此放弃了美好的愿望，也不再心怀希望，那么很有可能在命运之海中起起伏伏，不知所踪。任何情况下，我们都要坚定内心，哪怕置身于充满迷雾的环境中，也要坚定地朝着正确的方向前行。

在电影《肖申克的救赎》中，肖申克被误判杀死妻子，为此进入了监狱中开始服刑。他很清楚自己没有杀死妻子，但是却百口莫辩。虽然身在牢狱之中，他却始终没有放弃还给自己清白的梦想。他若干次申诉，都以失败告终，在偶然的机会下遇到杀死妻子的真正凶手之后，他的心中再次燃起了希望。但是，他依然失败了。一次次的打击没有让肖申克向往自由的心死去，当意识到自己没有希望通过正当的法律手段恢复自由之后，他开始了一项疯狂的计划。他开始挖掘地道，把泥土放在口袋里，趁着每天放风的时候丢掉。我们难以想象这是一个多么浩大且旷日持久的工程，但是肖申克做到了。

电影里有一个场面特别令人动容，肖申克凭着自己的专业帮助了监狱里的负责人，他提出的回报居然是给负责修建监狱墙壁的自己和同伴们每人一瓶啤酒。那天阳光正好，他们在那一瞬间忘记了自己身在牢狱之中，沐浴着阳光喝着啤酒，享受着转瞬即逝的自由。我们无从得知肖申克当时内心真实的想法，唯一可以肯定的是，他一定想要真正拥有自由。

肖申克特别有人格魅力，他内心笃定，不为外界的人和事所影响，怀着美好的愿望，坚持做自己认为正确的事情。他虽历经磨难但始终保持内心清澈纯净，他做人正直善良，所以才能得到很多帮助，也抓住很多好机会。此外，他还有出色的专业能力，因而得到监狱长的器重，也渐渐地赢得了监狱长的信任。这些因素都帮助肖申克重获自由，得以再次享受美好的生活。

愿望具有神奇的魔力，只要心怀美好的愿望，哪怕是面对看似不可能实现的艰巨任务，我们也会激发自己的热情，发挥自己的能力，把很多不可能变成可能，也把很多幻想与憧憬变成现实。所谓愿望，就是满怀热情和激情，以内心作为画布，在上面描绘出各种生动的景象、美好的愿景，也勾勒出远大的理想和志向等。从心理学的角度来说，愿望就是心灵活动，也是通过进行心灵活动产生的意志力，或者是显而易见的意图。如果说人生就像是漫无边际的大海，那么愿望就是各种美好的设想，就是对于创造未来的信心和勇气的源泉，就是远处始终闪烁的引航灯，引领着我们心无旁骛地奔向目标，抵达终点。

心是人之根源，人的很多行为举动都是由心产生的。愿望是心意的体现，只有心怀美好的愿望，我们对于人生才会有所渴望，有所憧憬。对于万念俱灰的人而言，吃美食却味同嚼蜡，做幸福的事情却依然愁眉苦脸。所以要想改变自己，掌控命运，就要从改变心态开始做起。积极的人始终心怀美好的愿望，消极的人则总是怨声载道，抱怨命运不公，如此只会把自己拖入命运的深渊。

相信是一种力量，心怀美好的愿望才会拥有这种力量。俗话说，心向往之，行之所至。如果一个人没有任何想法，那么就不可能做出相应的举动。人人常常以"敢想敢干"形容他人，从这简单的四个字不难看出，想法当先，行为随后。所以不管想要实现怎样的目标，完成怎样的梦想，都要先树立梦想，设定目标，否则我们就会如同没头苍蝇一样四处乱撞。

人类从诞生至今，始终都在坚持进取，构建文明社会。在远古时代，人类的祖先在大自然恶劣的环境中艰难生存，所以怀着强烈的愿望开辟属于自己的家园，学会了钻木取火，学会了制作工具，学会了耕种，循序渐进地改善了生存的环境。在基本的生存需求得到满足后，人类又致力于提高生产效率，提升生活质量，一步一个台阶地努力攀登，才过上了现在的幸福生活。在若干年前，没有人敢想象离开地球，踏入太空是怎样的一番场景，如今，人类已经成功实现了登上月球的梦想。在交通不便利的时代，要想从一个地方到达另一个地方，需要花很久的时间，耗费极大的力气，还会面临不可预知的各种危险，如今乘坐飞机可以在最短的时间内飞遍世界各地。如果没有伟大的设想与灵感，人类又怎么可能取得如此伟大的进步呢？

正是因为在心中描画美好的愿望，人类才能产生强烈的驱动力，推动社会不断向前发展，推动科技和文明持续进步。从现在开始，每一个普通而又平凡的人都要心怀美好的愿望，激发自身的力量，让一切憧憬都得以实现，让生活变得更加美好。需要注意的是，愿望既要对现实起到推动作用，也要贴合实际，具有可行性。有些愿望过于不切实际，没有可能实现，使人在坚持努力之后得不到预期的效果，因而心灰意冷，选择放弃。只有具有可行性的愿望，才能给人以回报作为激励，使人在取得小小的成就之后不忘初心，继续奋进。

倾听，让你无所不能

很多人误以为沟通始于表达，因此他们最喜欢口若悬河、滔滔不绝地说。其实，真正的沟通始于倾听。唯有倾听他人，我们才能了解他人的所思所想，为顺畅的沟通奠定基础；唯有倾听他人，我们才能以用心和耐心的姿态赢得他人的尊重，获得他人的信任；唯有倾听他人，我们才能与他人之间建立良好的关系，搭建沟通的桥梁。总之，倾听让人无所不能，真正善于倾听的人都是人际沟通的高手，他们善于以倾听的方式化解很多人际交往的难题。

有人说，上帝之所以给了人两只耳朵，而只给人一只嘴巴，就是想要告诉人类倾听很重要。的确，倾听将会为我们打开新世界的大门，帮助我们改掉以自我为中心思考问题的坏习惯，让我们更加关注他人的所思所想和情绪感受。真正的聪明人都是很善于倾听的，他们深知最高境界的处世之道就是懂得倾听他人，懂得欣赏他人，赞美他人。

认真倾听他人能够表现出我们对于他人的态度，也是我们与人交往的最好姿态。认真倾听是深厚的修养，让我们轻轻松松就能接近他人的心灵，了解他人的想法，感受他人的纯真和美好。有些人特别浮躁，他们只想如同竹筒倒豆子一般说个不停，他们迫不及待地表达自己的想法和观点，试图说服他人。他们心思狭隘，视野狭窄，很容易把原本简单的事情搞砸，也给人留下糟糕的印象，自己却还浑然不知。

每个人都应该以从容的心态面对和接纳整个世界，因为这个世界需要交流。太过聒噪的人只会因为急迫和缺乏耐心而导致事与愿违。在交流过程中，我们最应该做的不是表达自己，而是倾听他人。只要用心倾听，我们就能捕捉到他人的言外之意，也能从他人的话语中留意到有用的信息，甚至还会从他人无意之间说出的话里知晓很多秘密。

古人云，祸从口出，言多必失。这句简单的话蕴藏着深刻的人生道理。真正充满智慧的人会把表达的机会留给他人，自己则主动贡献出一双耳朵和真诚的心灵。他们谨言慎行，绝不会不假思索地就说出很多会产生重要影响的话，也不会冲动地遵循本能去做不该做的事情。对于人生，他们有着深刻的感悟，能够透过现象看到事物的本质，也能够调整好心态从容接纳命运的各种安排。哪怕是面对厄运，他们也内心笃定，绝不怨声载道。面对好运，他们更是气定神闲，既不得意忘形，也不狂妄自大。

现实生活中，很多人因为口无遮拦而犯下各种各样的错误，也因为不懂得用心倾听吃足了苦头。我们要致力于提升自身的修养，真正懂得倾听之道，这样才能借助于倾听的机会了解他人，理解他人，包容他人，善待他人。

对于倾听，有人怀有误解，认为只知道倾听是怯懦的表现。这种想法大错特错。哪怕面对极具攻击性的沟通对象，倾听也能帮助我们抚平对方的烦躁情绪，更能留给我们足够的时间进行深入的思考，从而找到解决问题的最好办法。

做人，固然要有钢铁般的意志力，要始终心怀美好的愿望砥砺前行，也要拥有安静平和的心态，在山重水复疑无路时能够淡然处之，在登高远望的时候感到豁然开朗。太多人对于人生斤斤计较，只要有小小的不满意就满腹抱怨，只要受到小小的委屈就奋起反抗，其实，这都是在自寻烦恼。从某种意义上来说，每个人看到的世界都是心象，也就是世界在自己心中呈现出来的样子，换言之，每个人看到的世界都是自己主观加工过的世界，并非真正客观存在的世界。既然如此，何不以倾听的姿态捕捉自然界里的鸟语花香，何不以倾听的姿态面对周围的人和事呢？如果我们是安静的，那么整个世界就是安静的；如果我们是吵闹的，那么整个世界就是吵闹的。人们常说相由心生，其实世界也是由心而生的。

善于倾听的人能够听到自己心底里的声音，了解自己最真实的想法和感受。他们很少说话，而是在以沉默的方式与内在的自己沟通。在日常生活中，只要坚持认真倾听，我们就会发现倾听的神奇和奥秘。当学会倾听妈妈的唠叨，就能够感受到妈妈细致入微的爱；当学会倾听老师的教诲，就能感受到老师殷切盼望我们成才的心；当学会倾听朋友的诉说，就能越发意识到友谊的可贵，以及友谊在我们生命中的重要作用；当学会倾听逆耳的忠言，就能够找到自身的不足，及时地弥补和改善。与人沟通，表达自我并非最重要的，倾听要更优先于表达。只有用心倾听，倾听到位，我们才能妙语连珠地打动对方。当我们做出凝神倾听的姿态时，诉说者不但会受到鼓舞，还会对我们留下良好的印象，甚至发自心底地认可我们，尊重我们。这就是倾听的魔力。

古今中外，很多心理学家都尤为推崇沉默的倾听。众所周知，在数学领域，零是非常特殊的存在。在人际沟通中，沉默也同样是至关重要的。有的时候，适度的沉默反而能够增强沟通的效果，而不合时宜的表达则会让沟通的效果大打折扣。真正聪明的人不但善于用微笑拉近与他人的距离，解决各种棘手的问题，也善于用沉默避免很多问题的发生，给自己和他人更大的空间去回旋，去思考。

古德曼定理以"没有沉默，就没有沟通"作为基本的原理，告诉我们"静者心多妙，超然思不群"。要想在与他人的较量中获胜，就一定要保持理智和冷静，也要坚守谨言慎行的底线。对于任何人而言，如果心中充满了焦虑急躁的情绪，那么就会失去理性，变得冲动。在任何形式的人际沟通中，必须适度运用沉默的沟通技巧，同时表现出倾听的姿态，才能更好地把握谈话的分寸和节奏，也以倾听的方式了解对方，表达自我。

倾听不是怯懦，更不是无原则地妥协和让步，而是胸有成竹的气度，也是沉着冷静的特质。真正懂得为人处世之道的人都善于倾听，以免口不择言而犯下错误，也能免除高谈阔论给人留下浮夸虚伪的印象。

古时候，有个弹丸小国带了三个相同的小金人献给中国的皇帝。皇帝看到纯金铸造的小人很喜欢，拿在手里把玩。这个时候，小国的使者礼貌地问皇帝："尊敬的陛下，仅从表面看来，这三个小金人是一模一样的，但是其实它们大不相同。您可知道在其中，哪个小金人最有价值吗？"皇帝想知道三个小金人存在的区别，因而找来金匠给小金人称重，考察小金人的做工，比较了小金人的很多细微之处，却始终没有弄明白三个小金子究竟有何不同。

皇帝被难住了，只好召集文武百官一起想办法。在朝堂之上，有个年迈的大臣说道："陛下，我有办法。"皇帝高兴极了，当即派人把小金人交给老臣。只见老臣拿出三根稻草，分别插入三个小金人的耳朵里。第一个小金人：稻草从左耳朵进去，马上就从右耳朵出来了。第二个小金人：稻草从左耳朵进入，马上就从嘴巴里出来了。第三个小金人：稻草从左耳朵进去，再也没有出来。老臣笑着告诉皇帝："陛下，第三个小金人最有价值。"皇帝露出疑惑的表情，老臣解释道："第一个小金人听完的事情马上就忘记了，不会四处散布流言蜚语。第二个小金人听完的事情马上就说出来，必然招致流言蜚语，还会惹来祸患。最好的是第三个小金人，它不管听到什么事情，既不会忘记，也不会说出去，是个值得托付的人。"皇帝恍然大悟，忍不住哈哈大笑起来。

德谟克利特曾说，只愿说而不愿听，是贪婪的一种形式。古今中外，很多伟大的人都特别善于倾听，也常常会以恰当的沉默作为对他人的回应。要想积极地倾听他人，我们就必须集中注意力，始终保持专注，这样才能不错过对方所说的每一个字，也才能观察到他人细微的表情变化和肢体动作。在倾听的过程中，要给予他人积极的回应，为了避免打断他人，可以以点头、微笑等方式表示回应，也可以以简单的"嗯""啊"等表示回应。即使不赞同对方的观点，也不要当即打断对方，而是要耐心地听对方说完，再以合理的方式表达自己的观点。

著名的成功学大师卡耐基说过，一双灵巧的耳朵胜过十张能说会道的嘴巴。从现在开始，就让我们学会以倾听的方式尊重他人，关心他人，也以倾听的方式打开他人的心门，更深入地与他人交往。倾听不仅是善良，也是美丽，更是爱的表达。

第六章

坚持为人处世的正道，泰山崩于顶而色不变

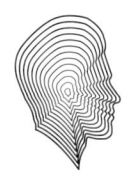

宋朝的苏洵在《心术》中写道："为将之道，当先治心。泰山崩于前而色不变，麋鹿兴于左而目不瞬，然后可以制利害，可以待敌。"这句话的意思是说，要想成为优秀的将领，就要有从容不迫的心境。哪怕亲眼看到泰山崩塌也不会惊慌失色，哪怕亲眼看到麋鹿正在身旁奔突也不为所动，这样才能在面对敌人的时候杀伐决断，取得胜利。

认识你自己:形成独特的气质

相比起看得见、摸得着的容貌,气质则是看不见也摸不着的,是由内而外散发出来的。要想形成独特的气质,我们就要坚持阅读,多多读书,多读好书,在坚持阅读的过程中,我们就会汲取精神养料,滋养心灵,润色气质。在这个世界上,每个人都是与众不同的生命个体,都有自己独特的风格和气质。

需要注意的是,并非所有人都有自己的气质。现实生活中,有些人特别缺乏自信,总是盲目地模仿和学习他人,恨不得把自己变成他人的翻版。如果学习的对象是非常优秀的,那么自然能够提升自我。如果学习的对象是普通且平凡的,那么我们也会变得毫无个人特点。气质并非是与生俱来的,而是在后天成长的过程中渐渐形成的。做人一定要坚持自己的原则和底线,既不要人云亦云盲目从众,也不要固执己见冥顽不化。人不是流水线上的产品,不同的人不可能做到千篇一律。你就是世间独一无二的烟火,有自己的绚烂和耀目。哪怕意识到自身有缺点和不足，也要努力发现自身的优势和长处，唯有扬长避短，取长补短，培养自身的核心竞争力，才能在激烈的竞争中脱颖而出，也才能在喧嚣的人世间保持本心。

很多人误以为自己了解自己，因而从来不会花费心思和时间揣摩自己。其实，对于许多人而言，自己都是最熟悉的陌生人。我们熟悉的是自己投射在镜子里的脸庞，但可能对自己的内心一无所知。

气质的形成绝非一朝一夕，而是需要漫长的时间，细细地雕琢，才能初见成效。那么，到底要怎么做才能打造属于自己的独特气质呢？气质一部分受到遗传的影响，很多人都会从父母那里继承性格，也就影响了自身的气质。此外，在与父母朝夕相处的过程中，父母的言传身教也会对塑造性格、形成气质起到一定的作用。例如，父母为人谦和，则孩子基本上不会特别张扬；父母胆小怯懦，则孩子往往缺乏勇气；父母待人热情，则孩子也会非常礼貌周到。父母与孩子在同一个屋檐下生活，父母的言行举止都会影响孩子，对孩子的气质形成也会有所影响。

意识到这一点，父母在觉察到自身的不足之后，就要有意识地避免给孩子带来负面影响。而孩子在渐渐长大之后，也要主动学习父母的优点，尽量减少父母的缺点给自己带来的不良影响。

生活中，有的人胆小甚微，有的人胆大妄为，有的人做事周密，有的人丢三落四。这都是因为不同的人具有不同的行事风格，也具有不同的气质。在成长过程中，每个人除了继承父母的性格，被父母影响外，还会因为经历很多事情，与不同的人相处，形成独特的气质。例如，有人生活顺遂如意，从来没有衣食之忧，也能感受到父母的理解、关爱和支持，因此他们对周围的人也会充满善意，友善对待；反之，有些人一直生活在水深火热之中，不是因为缺钱被刁难，就是被他人恶意对待，长此以往他们必然越来越缺乏安全感，对外部世界的人和事会满怀警惕，甚至以恶意揣测他人，认为他人居心叵测。如此一来，他们自然无法与他人建立良好的关系，还会导致人际关系剑拔弩张。

总之，要想形成与众不同的气质，我们就要从以下方面有意识地提升自我。要学会隐藏情绪，不要总是喜怒形于色，否则容易给他人留下不好相处的糟糕印象。在受到委屈或者遭到不公平的对待时，更是要用心思考，而不要不假思索地唠叨和抱怨。要认真细心地观察周围的人和事，也运用逻辑思维分析各种事情的因果关系。当遇到难题的时候，不要总是拘泥于表面现象，而是要入木三分地洞察问题的真相，从根本上解决问题。当在工作中承担重要的职务,每天都有忙不完的琐事时,要学会合理分配时间,充分利用时间,从而做到有条不紊,秩序井然。我们还要有胆识有魄力,充满自信。很多人做事情瞻前顾后,明明已经下定决心采取某种做法,却又突然改变主意,结果导致自己和他人都措手不及,这是非常糟糕的行为习惯。不管是做人还是做事,一定要拿得起放得下,也要慷慨大方,心怀宽容。当别人犯了错误时,要多多想到他人做得好的地方。

曾经,有两个人是好朋友,他们一起结伴去沙漠里旅行。在无边无际的沙漠里,他们迷失了方向,吃光了所有的食物,也喝完了所有的水。他们彼此抱怨,忍不住争吵。甲狠狠地打了乙一巴掌,乙伤心得泪流满面,在沙子上写下了一句话:"今天,甲打了我。"

他们继续艰难地寻找出路,终于听到了远处传来海浪的声音。他们激动不已,用尽全身的力气朝着传来海浪的地方跑去。他们一起跳进海水里感受着久违的清凉。突然,乙的腿抽筋了,渐渐沉没,这时,甲奋不顾身地游到乙的身边,拼尽全力带着乙游到岸边。乙死里逃生,拿出随身携带的小刀,艰难地在岩石上刻了一句话:"今天,甲救了我。"甲不解,问道："你为何不写在沙子上，而是要雕刻在岩石上？"乙回答道："对于他人的伤害，我们要尽快忘记；对于他人的舍命相救，我们要永远镌刻在心。"

这就是一个人宽容大度的气质，严于律己，宽以待人。除了要细心、大胆，学会隐藏情绪外，我们还要讲究诚信。诚信是做人的根本，只有以诚信为基石，我们才能构建人生的大厦。一旦失信于人，我们就无法扭转自己给他人留下的印象，所以要像爱惜自己的眼睛一样爱惜自己的名誉。对于那些无法兑现的承诺，我们最好不要轻易说出口。一旦因为自身的原因导致损失，就要积极地反思自己的错误，勇敢地承担属于自己的责任。

打造气质并不是一件容易的事情，也无法在短时间内就形成自己想要的气质。俗话讲，相由心生。一个人的内心是怎样的，他的气质就是怎样的，所以不要试图在气质方面掩饰自己，伪装自己。只有发自内心地坚持做人的原则和底线，才能成为大写的、顶天立地的人。

心理投射

天道酬勤，正道沧桑

每个人都要坚持走正道，因为只有走正确的道路，才能抵达人生的理想之地。现实生活中，很多人自诩心思灵活，却总是打歪门邪道的主意，为了达到目的不择手段，甚至不惜伤害他人。古人云，君子爱财，取之有道，这也告诉我们做人一定要有凛然正气，更要有骨气。

无论是做人还是做事，都不要以追求短期利益为终极目标。很多人鼠目寸光，只顾盯着眼前的利益，而忽略了长远的考虑。当孩子为了伸张正义做出一些举动时，父母一定要坚定不移地支持孩子。父母的态度就是孩子的底气，父母的行动就是孩子的表率。作为成年人，很多父母都会灵活地应对各种复杂的问题，还能在内心深处有所考量和判断，但是孩子正在成长的过程中，还没有形成独立的思想和观点，很容易被父母的行为举止带偏。俗话说，教育无小事，所以父母一定要始终坚持正确的教育观，全力以赴地为孩子提供最好的家庭氛围和成长环境。

人生有千万条道路，每个人的道路都是不同的。正如大文豪鲁迅先生所说的，世界上本没有路，走的人多了也就成了路。面对人生的坎坷困境，哪怕眼前一片迷茫，一时之间无法找到明确的道路，我们也要坚持本心，维护本心，坚定不移地走好人生的每一步。反之，如果因为一时悲观绝望就轻言放弃，那么人生主动无法长久地发展，而很有可能走入死胡同，或者摔得鼻青脸肿。

也许有些朋友会问，既然人生的道路有千千万万条，那么我们应该选择哪一条呢？其实，人生的所有道路都可以归结为正道和邪道。人在刚刚出生的时候就如同一张白纸纯洁无瑕，每个人都想要坚定不移地走正道，但是每当遇到障碍或者遭受磨难时，人就会发现相比起正道，邪道是更好走的。为此，他们选择了一条更加轻松和容易走的路，而不愿意为未来买单。毋庸置疑，走得艰难的路都是上坡路，而走得容易的路都是下坡路。人生，是选择苦一阵子，还是选择苦一辈子，将会导致截然不同的结果。举例而言，很多高中生承受着繁重的学业压力，每天都争分夺秒地学习，甚至连充足的睡眠都无法保障。在这种情况下，有些孩子咬紧牙关苦苦坚持，坚信自己终有一日能够考上理想的大学，收获完美的人生。而有些孩子只想现在就偷懒，每天睡懒觉，天天打游戏。他们告诉自己：人生苦短，为何要为不确定的事情放弃现在的享乐呢。但是，对于他们而言，一旦选择对命运逆来顺受，很多事情都会变成不可控的，也是不可预期的。反之，唯有咬紧牙关渡过眼前的艰难时刻，才能守得云开见月明。所谓的正道还是邪道，其实就在一念之间。人们常说，一念天堂，一念地狱，正是这个道理。

现代社会的经济越来越发达，物质极大丰富，使得人们面临的诱惑越来越多。在这样的情况下，那些缺乏定力的人就不知道人生该何去何从了。此外，真相总是扑朔迷离的，善意也并非如同黑白那么分明，长此以往，人们可能会被他人伤害，如果采取类似的手段报复他人，甚至伤害无辜的人。渐渐地，人们就会迷失人生的道路，甚至忘却了最初的梦想和做人的原则。

坚持走正道并不是一件容易的事情，人们经常会遭遇坎坷挫折，也要承受失败的打击，尤其是在失望沮丧的情绪中，很多人都不知道自己的坚持是否还有意义。真正能够坚持到底的人，都深刻地理解了理想的意义，都时刻提醒着自己要牢记初心。唯有如此，他们才能不怕苦不怕累地战胜一切困难，铲除成长道路上的所有阻碍，从而拨开云雾见天日，也摆脱失败迎来成功。

古人早就明白了这个人生道理，所以才会留下"少壮不努力，老大徒伤悲"和"天道酬勤"的古训，用来勉励青少年专注学习，努力成长。人生恰如甘蔗，不可能两头甜。所以任何时候都不要不切实际地寄希望于投机取巧，而是要脚踏实地地坚持进取，也要老实本分地创造未来。一旦人心歪斜了，人生的道路就会随之歪斜。世界上有各种各样的人，那些走上歪门邪道的人都是企图不劳而获的。《聊斋》中很多故事里的男人都沉迷于赌博，不但输掉了家财，而且输掉了老婆。他们为何如此痴迷于赌博呢？他们并非不知道赌博有赔得倾家荡产的可能，但是一旦到了赌桌上，他们满脑子想的都是赢钱，以不劳而获的方式改变命运。长此以往，他们必然利令智昏，无法理智地思考和正确地权衡。

宝剑锋从磨砺出，梅花香自苦寒来。人生在很多时候都是先苦后甜的，这是人生正道，一个人在"吃苦"二字上是不能走捷径的，更不能想歪点子，动歪脑筋。假如一个人总是在做事时偷懒耍滑，怕苦怕累定然不能成事，且易误入歧途。

坚持走正道，就要有理想有志向，也要充满智慧理性地思考。这个世界上没有任何道路是好走的，也没有任何成就会从天而降。俗话说，万事开头难，只要度过了最初的艰难时刻，人生的路就会越走越宽，未来也会越来越美好。

心理投射

在逆境中唯有坚持正道，勇敢前行

在人生的道路上，无论是脚踩荆棘，还是坎坷，都没有回头路可言，每个人唯一的选择就是勇敢前行。前文说过，所有人都要坚持正道，学生坚持正道才能取得好成绩考入好大学，职场人士坚持正道才能证明自己的能力获得升职加薪，官员坚持正道才能清正廉明办实事，父母坚持正道才能教育出知书懂礼的好孩子……所谓正道，就是坚持做正确的事情，哪怕这件事情是有难度的，也要全力以赴达成目标。

现实生活中，很多人评判事情的唯一标准就是得失。得到了，他们便欣喜若狂；失去了，他们便灰心沮丧。其实，得到和失去是相对的，失去了利益有可能得到朋友，失去了他人的陪伴有可能收获了思考。从某种意义上来说，得到就是失去，失去也是得到。坚持正道的人不会只盯着利益，也不会对眼前的得失斤斤计较。他们不管是做人还是做事，唯一的评判标准就是是否正确。他们只做正确的事情，而不管这件事情是简单还是困难。

在寻常的日子里，一个人是否坚持正道也许并没有特别突出的不同，毕竟生活中没有那么多大是大非。但是在危急关头或者是关键时刻，能否坚持正道至关重要。在现实生活中，尤其是在兵荒马乱的年代里，每当遇到危难的事情，很多原本胆小怯懦的人都会挺身而出，维护祖国。当然，也有极少数人缺乏骨气，贪生怕死。生命当然是宝贵的，对于所有人都只有一次机会，一旦失去生命，我们就会烟消云散。然而，人过留名，雁过留声。知晓大义、坚持正道的人能区分事情的严重程度，也在关键时刻做出明智的抉择。

做难而正确的事情就是走正道，这注定我们要面对很多艰难的境遇，也要克服各种无法预期的困难。但是只要内心是笃定的，坚信自己所做的事情是正确的，不管多么艰难，哪怕需要流血牺牲，我们都会变得大义凛然，勇敢无畏。

每当身处绝境的时候，我们都恍惚觉得自己置身于悬崖边，仿佛往前一步就是万丈深渊，一旦跌落就有可能粉身碎骨。但是，我们无路可退，无头可回。这使得我们唯一的选择就是继续奋勇向前。其实，看似是绝境的悬崖也可能蕴藏着生机，既然那些攀援者能够沿着悬崖峭壁而下，我们也应该使出浑身解数为自己争取一线生机。人们常说，但求付出，莫问前程，就是这个道理。我们没有十足的把握掌控命运，那么就要拼尽全力影响命运的走势，决定人生的未来。

也许有人会说，如果不攀登高峰，永远停留在山谷里呢？

心理投射

的确，这是一个偷懒的好办法，但前提是你心甘情愿一生平庸。人生如同逆水行舟，不进则退。哪怕我们愿意岁月静好，毫无改变，外部世界的力量也会推动我们向前。如果我们坚持拒绝改变，就会被时代远远地甩下，终有一日地成为时代的弃儿。

在日本，提起稻盛和夫的大名，无人不知，无人不晓。稻盛和夫之所以能够创造商业的奇迹，与他坚持正道不无关系。在工会组织里，稻盛和夫坚决维护工人的利益，也想方设法地带领公司发展壮大。对于那些总是撺掇和怂恿工人举行罢工运动，偷懒、不上进的人，稻盛和夫常常与他们针锋相对，也强烈建议他们采取更有效的方式解决问题。正是因为如此，他得罪了他人，招致民愤。

有一天晚上，那些嫉恨稻盛和夫的人潜伏在路边，只等着围殴稻盛和夫。刚刚洗完澡的稻盛和夫还没回到宿舍就遭到了攻击，但是，稻盛和夫丝毫也不畏惧，更没有被伤情吓倒，而是大义凛然地站在那里，对所有人怒目以视。稻盛和夫的应对方式显然超出了那些人的预期，最终，他们被稻盛和夫的气势镇住了，悻悻然地离开了。他们还心存侥幸，误以为稻盛和夫这次吃了苦头，一定会有所忌惮，有所收敛。让他们万万没想到的是，次日，稻盛和夫就头缠着绷带出现在他们的面前，一如既往地认真工作。这使得他们看到了稻盛和夫坚持正道的决心，也意识到他们这种卑劣的手段对稻和盛夫毫无作用。从此之后，再也没有人这样对待稻盛和夫了。

正如西乡隆盛所说的，行正道者必遇困厄。无论立何等艰难之地，无论事之成败，身之生死，志不稍移也。意思是，坚持正道的人必然会遭遇困境，但是不管多么艰难，也不管事情的结果如何，哪怕危及到他们的性命安危，他们都会矢志不渝。换一个角度来看，苦难是人生的学校，只有接受苦难的磨砺，人们才能从人生的学校里毕业，变得无比强大。

我们虽然只是普通平凡的人，不像稻盛和夫那样成就了伟大的事业，但是哪怕在琐碎的生活中，我们也要坚持正道，勇敢前行。如果因为恐惧停下了脚步，那么我们的人生就会始终被乌云遮蔽。只有战胜恐惧，冲破黑暗，才能让我们的人生迎来一片光明。

心理投射

战胜所有困难，不怕四处碰壁

很多年轻人对于未来都感到特别迷惘，他们看不到人生的方向，也看不到任何希望，因而常常徒劳地询问身边有经验的人："等到我到了你这个年纪，能够取得和你一样的成就吗？等到十年之后，我能获得成功吗？"对于这样的问题，哪怕是拥有丰富人生经验的人，也很难给出回答，因为每个人都有独属于自己的人生。成功是不可复制的，失败也是时常有的。其实，对于这个问题，只有自己能够给出回答，这是因为一个人在努力奋斗追求成功过程中的细节已经起到了预示的作用，也为我们指明了人生的方向。

除了要保持善良，还要坚持自信。越是面对艰巨的任务，我们越是要表现出一往无前的勇气，而不要总是怀疑自己的能力，甚至否定自己的能力。很多人缺乏自信，面对有难度的工作任务，第一反应就是想要推脱，或者发自内心地质问自己是否足以当此大任。这是严重缺乏自信的表现。哪怕预估到有可能会遇到很多困难，也切勿轻易地打起退堂鼓。从概率的角度来说，不管做什么事情，成功与失败的概率都是相等的，即成功和失败的概率都是百分之五十。既然如此，我们为何如此偏爱成功，却对失败避之不及呢？这是因为我们没有做好应对失败的准备，也不具备战胜失败的信心。

常言道，人生不如意十之八九。对于任何人而言，不管是对于人生，还是做某件事情，都有可能遇到坎坷挫折。这些坎坷挫折也许是可以预估的，也许是毫无征兆出现的。我们无须因为有所预见就无所作为，也无须猝然面对就手足无措。古人云，兵来将挡，水来土掩，我们要泰然处之，就会表现出从容不迫的雍容气度。

换一个角度进行思考，我们就会想到另外一种可能，即随着我们自身能力的提高，还有事态的不断发展，原本困扰我们的很多问题也许会烟消云散。所以做事情固然要未雨绸缪，却不要杞人忧天，与其早早地就为还没有发生的事情而苦恼和忧愁，不如做好充分的准备，做好该做的事情，然后尽人事听天命。

起起落落是人生的常态，没有谁的人生会是一帆风顺的，认清这个真相，我们就不会因为命运的小小颠簸而提心吊胆。既然该来的躲也躲不掉，那么我们不妨迎着命运而上，勇敢地张开怀抱拥抱命运，接纳命运。

在与命运博弈的过程中，面对艰难困苦，我们还要学会坚持。俗话说，笑到最后的人才是笑得最好的人。所以，哪怕眼前的困境很难熬,眼前的现状令人感到绝望和无助,我们也要坚持下去。现实生活中,很多人自以为聪明,瞧不上那些下苦功夫的人,最终却败给了那些愿意坚持和付出的人。这既是聪明反被聪明误,也充分证明了坚持到底才能获得胜利的道理。

很多人都读过龟兔赛跑的故事。对于乌龟和兔子比赛赛跑这件事情,大家凭着直觉都会本能地认为兔子会赢,甚至压根不相信乌龟有任何可能性赢得这场比赛。然而,最终的结果让所有人都大跌眼镜。原来,骄傲自满的兔子居然因为偷懒睡觉而输给了乌龟。相比起兔子,乌龟尽管爬得很慢,但是却始终在坚持前行,没有片刻停下脚步。渐渐地,乌龟赶上了兔子,超过了兔子,抢先到达了终点。

我们要学习乌龟的精神,即使面对看似不可能完成的艰巨任务,也要全力以赴地去做好自己力所能及的事情,去争取一点一滴的进步。如果乌龟一开始就选择了放弃,或者拒绝接受兔子的挑战,那么乌龟就绝无可能获得这次胜利。不管做什么事情,哪怕只有一丝一毫的机会和胜算,我们都要坚持到底,不到最后一刻绝不放弃。

很多情况下,成功就在下一次尝试中出现。爱迪生为了发明电灯进行了几千场实验,如果他在失败之初就选择了放弃,那么整个世界就会更晚迎来光明。《假如给我三天光明》的作者海伦·凯勒从小因为患上严重的猩红热而失去了视觉和听力，也丧失了语言能力，她在学习的道路上付出了相当于正常人数倍的努力，也克服了无数的困难，却始终坚持不懈，最终以学习改变了命运，以自身的经历鼓舞了世界上无数的人。从这个意义上来说，我们需要做的就是坚持，坚持，再坚持，直到获得成功。

不管处于人生的哪个阶段，也不管面对怎样的人生境遇，我们都会遇到一些为难的事情，选择逃避轻而易举，却无法彻底解决难题。我们要做的就是努力说服自己迎难而上，也要积极地寻求平衡点作为支撑，支持和激励自己坚持到底。唯有坚持迎难而上，我们才能看到希望之光；唯有选择坚持到底，我们才能体验柳暗花明。记住，只有你自己，才是自己最有力的助手。遇到困难与险境积极地展开自救，这是每个人最可靠的选择。

遵从本心，做出明断

在人生的很多情况下，我们会面临两难的选择，不知道自己是该继续前进，还是该选择结束。其实，不管做出哪种选择，只要选择的理由是充分的，是站得住脚的，就无可厚非。例如，你看到网络上的影评，对于一部正在电影院上映的电影特别感兴趣，因此你抽出时间买了电影票前去欣赏，结果电影才开始十几分钟，你就发现你被影评误导了，这部电影并不是你喜欢的类型。那么，你是选择继续看完整部电影，还是选择及时离开电影院，用看电影的时间去做其他事情呢？如果我们继续看完整部电影，就不会浪费花费金钱购买的电影票。但是，我们却会为这部并不喜欢的电影付出更多时间。如果选择离开电影院，用原本计划看电影的时间做其他事情，那么我们尽管节省了时间，却浪费了购票所用的金钱。如何选择和取舍，则取决于你是更看重金钱，还是更看重时间，或者说你更想节约金钱，还是更想节约时间。

　　如果做出第一种选择，我们就会陷入沉没成本的陷阱里。所谓沉没成本，指的是曾经发生的，但是与现在的决策毫无关系的费用。在决定是否继续做某件事情的时候，我们既会向前看，即考虑自己此前是否已经为这件事情做出了投入，也会向后看，即考察未来这件事情是否会给自己带来好处。如果我们对这件事情已经有所投入，而且这件事情将来会给我们带来好处，那么我们就会毫不迟疑地去做。反之，如果我们尽管此前已经对这件事情有所投入，但是却预估这件事情在将来不会给我们带来任何好处，那么我们就会陷入犹豫不决的状态。选择放弃，此前的投入就全都白费了；选择继续，又担心为此投入更多成本，依然毫无所获。

大多数人都很难坚决果断地放弃那些已经投入大量金钱和时间的事情，还有些人在权衡之后选择硬着头皮坚持到底。实际上，这样的做法是错误的，因为没有及时止损，就会导致自己的损失更加惨重。

人性是有弱点的，人人都想坚持做自己曾经认为正确或者曾经满心欢喜想要去做的事情，而不愿意承认自己的决策是错误的，更不愿意承认自己的付出是毫无回报的。在做出选择的过程中，还有相当一部分人之所以选择继续，是出于侥幸心理。他们就像是赌徒，一厢情愿地希望事情能够按照自己的预期发展，也希望自己能够在接下来的投入中赚得盆满钵满。然而，好运不会总眷顾一个人，好运甚至还会远离那些妄想不劳而获的人。不管做什么事情，我们都要坚持关注自己想要的结果，不要被沉没成本影响，把关注的重点从自己想要的结果上，转移到自己不要什么的动机上。

和固执地坚持到最后相比，勇敢地提前结束是一种智慧。为了更深入地想明白有关的问题，我们不妨问问自己"为什么""怎么做"。所谓为什么，代表着我们决定做一件事情的目的；所谓怎么做，代表着我们达到目的的方式方法。一般情况下，我们一旦确立了目标，就不会轻易改变，但是做事情一定要讲究方式方法，才能达到预期的目的。只要意识到自己所选择的方式方法是错误的，那么我们就要做出中途放弃的决策，以免自己为此付出更多的代价。

最近几年，很多在大城市打工的年轻人都面临着关于人生出路的思考，有些人坚定不移地选择留在大城市，有些人则动了回家的心思；有些人一心一意地在工作上做出成就，有些人则试图通过考研的方式寻找新的人生出路。他们面对各种选择不知所措，意识到每种选择都有好处，也有弊端。对于这样的年轻人而言，他们显然没有解决"为什么"这个问题。只有明确意识到自己为什么要做一件事情，也明确自己对于人生的追求，才能找准方向，坚持努力。

要想做出正确的判断，我们就要叩问自己的"灵魂"。只凭着丰富的学识或者是聪明的头脑，是无法做出正确判断的。只有秉承做人的信念，把握做事的尺度，我们才能在面对各种复杂的情况时坚持明判。

现代社会中，每个人面对的诱惑都很多：金钱、权势、名利，甚至美色，这些都会影响人们做出正确的判断，在很多时候让人们无法做出正确的选择。有些官员以权谋私，贪污了大量金钱，数额之大令人咋舌，但是最终却被调查得清清楚楚，非但不能享用那些自己耗尽心思聚敛的钱财，反而因此而锒铛入狱。不得不说，这就是被利益蒙蔽了眼睛和心灵。不管是做什么事情，都要坚持本心，做出明断，不被眼前的利益得失所影响，走好人生的正道。这才是长远之计。

坚持真我，守住本心

在这个世界上，每个人都是独立的生命个体，既是与众不同的，也是独一无二的。我们要为自己的存在而感到自豪，也要勇敢地做最真实的自己，保留最美好的纯真。每个人都是一个小宇宙，只有远离喧嚣尘世的纷纷扰扰，才能激发自身的潜能，发挥自己的能力，成为最独特的自己。很多人总是盲目地顺从他人，选择与大多数人一样的做法，渐渐地迷失在人生的旅途中，不知所踪。

如果能成为巍峨的高山固然好，如果能成为参天的大树也很好，但是如果注定只能成为清浅的溪流，或者是默默无闻的小草，那么我们也要接受命运的安排，安之若素，从容淡定。在这个世界上，每一个人、每一种事物都有自己的用途。一个人或是成为社会上的顶梁柱，或者成为他人不可缺少的精神支柱和坚强依靠。正如人们常说的，天生我材必有用，这个世界上绝无任何人和物是毫无用处的。生命永恒的运行法则就是坚持真我，所以每个人都应该追求表现本色，而不要对自己虚伪矫饰。

古人云，金无足赤，人无完人。这说明每个人都是有缺点和不足的，我们无须苛求自己十全十美，只要尽量表现出自己最好的一面，为社会做出贡献，就是成功的。现代社会中，随着科学技术的发展，的确有很多东西都是可以复制的，也可以通过其他方式完美呈现。高科技的流水线甚至能够保证生产出来的产品千篇一律，绝无不同。然而，唯独人不可能成为流水线上的产品，因为人的独特魅力就在于与众不同。

把人放在宇宙中看，每个人都是特别渺小的，甚至全人类也是宇宙中不值一提的存在。但是，我们不能因此就心甘情愿地平凡下去，或者始终默默无闻。哪怕只是作为一株小草，我们也要为大地装点一抹绿色；哪怕只是作为一朵小花，我们也要为世界增加色彩。小草无须羡慕高大的大树；小花无须羡慕温室花朵的艳丽多姿。和大树参天相比，小草也有顽强可爱之处，和温室花朵的多彩相比，小花也有安静恬淡的美。

要想理性地认知自己，公正地判断自己，我们就要发自内心地接纳自己，真正看到属于自己的不足和短处，也真正欣赏自己的优势和长处。尤其是在组织结构中，每个成员都是不可缺少的，他们都会发挥自身的所长，弥补其他成员的不足，从而团结一致，让整个团队的力量达到最大化。

在判断事物的过程中，有些人会遵循本能，以得失作为基本的标准进行判断。例如，对于那些有利于自己的事情，人们往往趋之若鹜，而对于那些不利于自己的事情，人们常常退避三舍。还有的人一旦了解了他人曾经犯过的错误，马上就会否定他人，打击他人。其实，整个世界都处于日新月异的变化中，世界中的人和事情当然也在随时发生变化。除了不能以得失进行判断外，还要避免过于感性，而是要尽量坚持理性。对于身边的人和事情，很多人都会出于自身的喜好而做出评判。例如，因为讨厌一个人而全盘否定他的所有成绩，因为喜欢一个人而觉得他的缺点也是可爱的。如果被情绪蒙蔽了理智的心，被他人的表现蒙蔽了自己的眼睛，那么我们就无法做出明断。

与感性相对的是理性，人们常说，愤怒使人的智商降低，这么说是有道理的。为了始终保持思考的能力，我们必须整理清楚事情的脉络，真正做到有条有理，条分缕析，这样才能保持正确的逻辑，让事情得以顺利发展。需要注意的是，判断失误不仅仅需要具备理性，更要讲究严密的逻辑。总之，要坚持做出正确的判断，除了要避免片面地运用本能、感性或者是理性外，还要拥有大局观，遵从自己内心真实的选择。

越是在人生中的重要关头，我们越是要问清楚自己内心深处的真实想法，这样才能做出正确的判断。这种判断是出于自身愿望的，哪怕被验证是错误的，我们也会心甘情愿地承担相应的责任。总而言之，就是以善恶作为判断的标准，参照伦理和道德，做出符合正道的判断。

每个人只有坚持真我，才能明白所有的道理。在现实生活中，每个人都有无数的烦恼，也面临着数不清的难题。不管生活和工作多么艰难，我们都要努力地提高自己的判断力，也要想方设法地磨炼自己的灵魂。唯有坚持这样做，我们才能渐渐地靠近真我，坚持本心。

很久以前，有四只猫在一起生活，但是它们的"猫生观"是截然不同的。当面前摆放着美味的鱼时，第一只猫不为所动，坚持捕捉老鼠。对于第一只猫的举动，第二只猫不以为然，当即不管不顾地大吃起来。第三只猫非常惊讶，它不明白第一只猫为何不吃现成的鱼,而要抓老鼠。第四只猫则不屑一顾:"这都什么年代了,谁说猫只能抓老鼠吃呢?"那么,哪只猫的做法是正确的呢?

从自然规律来说,猫就应该捕捉老鼠,这不仅是为了填饱肚子,也是为了消灭老鼠。这四只猫代表了四种不同的人生观念。现实中,有人坚持本分,做好本职工作,有人却心思活泛,不是想偷懒,就是想吃现成的,还会指责那些老实本分的人。人们做出了不同的选择,也就会有不同的人生。

世界处于日新月异的变化之中,时代发展的洪流更是浩浩荡荡,让人无法逃离。在这样的时代背景中,在周围充满喧嚣的氛围下,坚持本心与真我的人更加可贵。面对着形形色色的诱惑,我们要始终秉承"君子爱财,取之有道"的原则,不能为了贪图享乐就放弃自己的职责,也不要因为听信他人的话就迷失自我。唯有笃定地走属于自己的道路,才能不断积累,获得成功。

第七章

怀有美好的心灵，
打开开阔的人生天地

拥有美好的心灵，是人生一大幸事。美好的心灵蕴含着强大的力量，正是这种力量帮助我们战胜人生的各种困厄，打开人生的广阔天地。如果内心充满了各种负面情绪，总是陷入悲观绝望的泥沼中无法自拔，那么人生就被阴云笼罩，无法摆脱厄运。

常怀善良之心，提高生活幸福感

人们常说，虎毒不食子。这句话告诉我们，在自然界中，很多看似凶猛的野兽也都舐犊情深。不仅老虎，绝大多数动物都很爱护自己的孩子，也会拼尽全力保护自己的孩子。例如，鸟类会守护着刚刚出生的小鸟，鹿妈妈会帮助小鹿舔干净身上的血污等。至于人类更是如此，每当孩子遇到危险的时候，我们更是会以命相护。

针对人性，古代先哲们提出了不同的观点。有人认为人之初性本善，有人认为人之初性本恶。其实，新生命在呱呱坠地的时候恰如一张白纸，是没有善恶之分的。正是随着不断地成长，人才有了区别的意识，区别对待身边的人和事，也在面临抉择的时候出于不同的考虑，做出不同的选择。尤其是在成长的过程中，人很容易受到他人的影响，不知不觉间就会影响自己的心态，改变自己的观点，这就是塑造性格和培养气质的过程。从这个意义上来说，家庭氛围和教育经历对人的影响很大，甚至在很大程度上决定了人最终会形成怎样的性格，又会形成怎样的气质。

即使是年幼的孩子，也会表现出暴躁的性格，这不是因为他们天生性格火暴，而很有可能是因为他们受到了父母的影响。通常，人们认为孩子的心灵都是纯洁的，却忽略了孩子很容易受到外部世界的影响，如同一张白纸一样可以被描摹着色。

尽管人生是不可预知的，但是如果养成很多好习惯，铸就很多优秀品质，这些都会引领我们人生的道路。做人，首先要善良，只有怀着善良之心，才能从容地面对各种境遇。在现代社会中，善良已经成了稀缺的品质，很多父母不再坚持教育孩子要充满善意，而是更侧重于提醒孩子"人善被人欺，马善被人骑"，因而要保护自己的利益，也要保护好自己。父母不知道的是，他们通过行走人生之路而得出的经验，孩子未必能够理解和体会，有些孩子因为父母的好心叮嘱而选择了错误的做法，他们变得越来越暴躁和冲动，仿佛只有这样才能避免被伤害。然而，人是群居动物，具有社会属性，这就决定了我们不可能离群索居地生活，而要与身边的人打交道，更要学会发挥人际关系的优势获得想要的结果。所以，我们无须对所有人都心怀揣测，毕竟这个社会上还是好人多。我们对他人怀有善意，他人就一定会感受到，也会以同样的善良回馈我们。反之，如果我们总是提防他人，也认定他人居心叵测，那么我们与他人之间的关系就会剑拔弩张。古人云，吃亏是福，告诉我们哪怕吃一点点小亏也没关系，因为我们会有其他的收获。

清朝康熙年间，安徽桐城的两户人家因为争夺宅基地发生了矛盾和纠纷。这两户人家在当地都很有威望，吴家是当地的名门望族，势力范围很广；张家有人在朝廷里当官，官位很高，也是不能得罪的。接到两家的报案，县官当即前去了解事情的原委。原来，吴家和张家原本是邻居，只有一墙之隔。张家住在院墙的南面，吴家住在院墙的北面，多年来一直相安无事，直到吴家开始翻修房屋。

为了翻修房屋，吴家认为两家之间的这堵墙理应归于他们所有，而张家则认为这堵墙应该归于张家所有。为了争夺这堵墙的所有权，两家相持不下，争执不休。大家都知道，清官难断家务事，宅基地引起的纠纷真的是很难处理的。

为了能在官司中获胜，张家老太太当即写了一封信，让家仆连夜送给在京城当官的张英。吴家也不甘示弱，认为张家的儿子远水解不了近渴，因而拿出大量钱财疏通人脉关系，想方设法要赢得官司。

不久，张英给张母回了一封信，信的内容如下："千里修书只为墙，让他三尺又何妨。万里长城今犹在，不见当年秦始皇。"寥寥数语，张母就领悟到了张英的意思，张母当即转变态度，主动把自己家的宅基地让出三尺。看到张母的做法，吴家也幡然悔悟，主动让出了三尺地。就这样，在两家共用的院墙位置，出现了一条宽达六尺的巷子。街坊邻里原本都需要绕道而行，现在却可以方便地从六尺巷里通行。为此，六尺巷的故事流传至今，传为美谈。

从六尺巷的故事中不难看出，张英是一个有着博大胸怀和善良之心的人，所以面对很多人都寸土必争的宅基地，他非但没有利用权势给县官施加压力，反而修书一封给母亲做通思想工作，让母亲主动做出让步。张英说的话很有道理，人的生命如同沧海一粟，为了那些身外之物没有必要殚精竭虑，更没有必要与他人交恶。更何况远亲不如近邻，只有与邻居之间建立良好的关系才能互相照应，而不至于彼此仇视。

人生是短暂的，如同白驹过隙，我们不要把宝贵的生命浪费在与人争辩上，更不要花费心思敌对他人。明智的人不会过于计较身外之物，而是会致力于提升生活的幸福感，让自己感受到真正的幸福。

心之根本，立世之基

现代职场上，很多人都积极表现，努力做出成绩，从而尽快得到晋升。的确，成为管理者不但拥有了更高的职位，薪资水平也会水涨船高，更重要的是还能提供更为广阔的平台，能让我们更充分地发挥自身的能力，可谓一举数得。然而，不是所有人都适合当领导。一个人是否适合当领导，取决于心根。

很多经验丰富的高层领导在选择新的领导者时，除了考察对方的工作表现和成就外，还会看看对方的心根。所谓心根，就是心之根本，是一个人立足于世的根基。心根指的不是聪明的头脑，也不是渊博的知识，而是高尚的品德和优良的品性。和心根相比，每个人都可以通过学习的方式积累更多知识，也可以通过接受历练的方式提升自己各个方面的能力，但唯独心根是相对稳固的，也不可能在短时间内就得到改善。对于大多数职场人士而言，心根其实已经确定了。在成长的过程中，孩子的心根处于形成状态，而随着不断地走向成熟，成年后心根就会固化下来。

在职场上，那些特别自私、为了达到目的不择手段，为了追求利益放弃原则和底线的人，是不值得重用的。从表面看来，他们是个野心家，而从本质上看，他们甚至不具备基本的人格。

即使对于成年人而言，心根也并非完全一成不变的。在官场上，很多人都是付出了很多努力，才渐渐地爬到了更高的位置上，拥有了更好的人生前景。但是，随着地位的升高，诱惑也随之增多，有一部分人忘却了初心，改变了原本一心一意为人民服务的心态，甚至变得越来越傲慢。在商业领域中，有些人为了改变穷困的命运不顾一切地想要发财致富，在终于拥有了大量财富后却变得骄奢，花钱如流水，当铺张浪费成为习惯，最终会家财散尽，又恢复到穷困的状态。如果早知道会是这样的结果，不管是高官还是富豪，应该都会做出更好的选择。但是，在当时的情境下，他们已经迷失了本心，被成功和权势冲昏了头脑，因而心怀侥幸，总认为自己不会被发现，也无须为此承担责任。

那么，在选拔领导者的时候，具体应该考察哪些方面呢？首先，要关注那些勤奋刻苦，坚持自我提升的人。学海无涯，自我提升永无止境，尤其是全世界都处于日新月异的发展之中，如果我们始终停滞不前，停留在原地，那么就会被时代甩下，最终被时代淘汰。

所以，要尤为关注那些坚持自我成长型人才。在信息大爆炸的时代里，知识更新的速度前所未有的快。如果说几十年前的大学生即使在毕业后，也可以凭着大学里所学的知识应付工作中的难题，那么如今的大学生还没有离开大学校园呢，就会发现自己所学习的知识还远远不够。所以，大学注重培养孩子的学习能力，而孩子们也要坚持自我成长。有些人的思维是固化的，遇到任何问题都要将原因归咎于外界，这使得他们故步自封，不愿意积极地改变自己，主动地谋求成长。唯有打破自身的局限，唯有始终坚持学习，意识到离开大学校园步入社会，才是真正开始了新的人生阶段的学习，这样才能顺应时代的发展，符合时代的要求，成为与时俱进的人才。

最后，要重用那些善于经营人际关系的人。作为领导者，最重要的任务不再是从事具体的工作，而是要做好人的工作，管理好自己的下属，带领团队融入更大的集体之中，发挥强大的力量。显然，明哲保身的人不适合当领导者，只适合在固定的岗位上埋头苦干。此外，不懂得团结他人的人也不适合成为领导者，否则带领的团队必然如同一盘散沙，既没有凝聚力，也不可能做出相应的成就。

总之，在选拔管理人才时，需要考察的不仅是对方的性格品质，也要主动考察对方的软实力。现代职场上，并不缺少有才华的人，而值得被委以重任的人更加珍贵。

心理投射

每个人都需要家人的支持

对于任何人而言，家人的支持都是很重要的。这是因为人不仅仅是为了自己而拼搏奋斗，更是为了给家庭提供优质的生活而拼搏奋斗。如果总是过着一人吃饱全家不饿的生活，那么人就会缺乏积极向上的动力。从某种意义上来说，对家人的责任将会转化为推动力，促使人在成长的过程中表现得更加突出。

古今中外，很多成功者之所以能够取得成功，都离不开家人的支持和陪伴。乐羊子妻断织劝学的故事就体现了家人的重要性。

在河南郡，乐羊子的妻子名不见经传，甚至没有人知道她的姓氏。正是这样一位普通而又平凡的女子，却知晓大义，时时刻刻督促乐羊子坚持走正道，也正是因为如此，乐羊子最终才会有所成就。

有一天，乐羊子走在路上，突然发现地上有什么东西闪闪发光。他很纳闷，赶紧走上前去查看情况。他惊喜地发现，地上居然有一块金子。他赶紧捡起金子带回家里，他原本以为妻

第七章 怀有美好的心灵，打开开阔的人生天地

子会感到高兴，却没想到妻子紧皱眉头，不满地说："夫君，我听说真正有志气有骨气的人，即使渴死也不会喝'盗泉'里的水；真正正直无私、廉洁奉公的人即使穷死，也不会接受傲慢者无礼的施舍。同样，一个品德高尚的人，是不会随随便便捡起别人丢失的钱财和物品，还不以为然地占为己有的，因为这将玷污高尚的品德，成为人生的污点。"听到妻子说得有道理，乐羊子感到非常羞愧。他赶紧走到野外丢掉了金子，然后就带着行李外出求学了。

妻子安心地留在家里，操持家务，照顾孩子。她知道求学不是一件容易的事情，乐羊子很有可能需要几年才能学成归来。结果，才过去一年，乐羊子就回家了。妻子看到乐羊子回来非常惊讶，赶紧询问他为何这么快就回家。乐羊子说道："我一个人独自在外漂泊已经一年了，每时每刻都在思念你们。我并不是因为特殊原因才回家的，只是想尽快看到你们而已。"乐羊子话音刚落，妻子当即拿起锋利的刀走到织布机前，她看着乐羊子，满脸严肃地说："我没日没夜地辛苦劳作，才能用蚕茧织成这些华丽的丝绸。织布是很难的，必须有足够的耐心才能积累一根丝，眼看着布匹的长度一寸一寸地变长，最终才能织成成匹的布料。"说完，妻子就毫不迟疑地用刀割断了布料，乐羊子大惊失色，惊呼道："你为何要这么

做?"妻子说:"因为被割断,这匹布就再也无法织成了。如今,你学习半途而废,正如这匹被割断的布料一样,你如何能够获得成功呢?学习必须持之以恒,每天都要有所进步,才能最终形成高尚的品德。如果学习半途而废,那么你永远也不可能有所成就。"乐羊子感到特别羞愧,他当即背起行李继续外出求学。

乐羊子的妻子只是一位普通的妇人,却深明大义,有着远见卓识,所以才会在乐羊子贪图不义之财的时候劝阻乐羊子,也才会在乐羊子求学半途而废的时候,不惜剪断自己辛辛苦苦编织的布匹,只为劝说乐羊子继续求学。有这样一位妻子,是乐羊子的幸运。

现代职场上,很多行业的从业者都特别辛苦,由于工作时间黑白颠倒,工作压力巨大,工作节奏紧张,这都使他们没有更多的时间陪伴在家人的身边,家人们可能也因此会误解他们。其实,家人的支持具有非常大的力量、能够帮助人们鼓起勇气发展事业,实现价值。毕竟人生并不是只有柴米油盐酱茶的琐碎,也要有诗意和远方,也要有理想和志向。如果真的爱一个人,我们就会支持他的决定,助力他完成自己的选择。作为父母,要尊重和理解孩子;作为伴侣,则要无条件地给予对方最大的信任和帮助。

在化学领域，很多人都知道居里夫人的人生经历。居里夫人之所以能做出如此伟大的成就，恰恰是因为她和居里先生不仅伉俪情深，而且志同道合。在研究化学的过程中，他们互相陪伴，彼此支持，也始终不离不弃，相依相伴。不管遇到多少困难，他们都能齐心协力地战胜困难，这就是居里夫妇的幸运和幸福。

对于任何人而言，要想获得成就必然要有所付出，甚至还要做出牺牲。詹姆斯·埃伦曾经说过，一个人的失败，是他自己的直接结果。当他们发自内心地渴望成功，也愿意付出相应的努力，做出相应的自我牺牲，那么他们才能如愿以偿。当然，最好的状态是协调好工作与生活的关系，这样才能把主要的时间和精力投入工作中，与此同时也可以调整时间享受家庭的温暖。在任何时候，家都是我们最坚强的后盾，家人都是我们最忠诚的陪伴者。发展事业不能以牺牲家庭为代价，在获得成功的那一刻，有家人可以分享成功的喜悦，有家人陪伴在身边由衷地为我们开心，这才是最大的幸福。

人无信不立，业无信不兴

每个人都要用一生的时间主修诚信这门课程。子曰："人而无信，不知其可也。大车无輗，小车无軏，其何以行之哉？"这句话的意思是说，一个人如果没有信用，就无法立足在这个世界上，就像大车和小车没有最重要的零部件，是不可能在道路上奔跑的。由此可见，信用多么重要。

古代先哲告诉我们，每个人都要讲究诚信，才能让自己的人格变得厚重，也才能赢得他人的尊重。反之，如果不讲究诚信，失信于人，那么就会给他人留下糟糕的印象，而且在与他人交往的过程中出现很多状况。唯有以相互信任为基础，才能搭建人际沟通的桥梁，增进人与人之间的感情，加深人与人之间的关系。否则，我们就会生活在戒备之中，对所有人都心怀戒备，不但不利于建立和谐的人际关系，还会导致已有的人际关系恶化。然而，不管是取信于人，还是信任他人，都不是一件容易的事情。

先秦时期，商鞅想要实行变法，为了取信于人，他在城门立起一根又粗又长的木棒，并且发布公告：谁能把这根木棒送到规定的地方，就能获取高额赏金。要知道，这根木棒尽管很沉重，但是并非绝对不能扛起。大家面对公告议论纷纷，很怀疑当有人真的扛着木棒送到规定的地方，商鞅会不会践行承诺发布赏金。围观的人很多，但是真正采取行动的人却没有。这个时候，有个身材魁梧的人走了过来，扛起木棒就走向目的地。好奇的人们跟在这个彪形大汉的身后，一起来到了目的地。这个时候，人们远远地就看到有侍卫正捧着赏金等待呢！等到大汉放下木棒，侍卫赶紧奉上赏金。看到商鞅言必信，行必果，围观的人都有的都感到懊悔万分。他们议论纷纷，很后悔自己没有更早地扛起木棒。正是因为这件事情，人们才开始相信商鞅推动变革的决心，商鞅变法也因此赢得了百姓的信任。

从商鞅立木取信这件事情上可以看出，赢得他人的信任十分艰难的。换个角度来看，对于那些信任我们的人，我们一定要珍惜。很多企业都特别看重品牌效益，就像爱惜自己的眼睛一样爱惜自己的品牌，绝不做任何会给品牌抹黑的事情。他们始终坚持为客户提供优质的商品和上乘的服务，通过点点滴滴的坚持才能赢得客户的认可和支持。这个过程是水滴石穿的过程，也是绳锯木断的过程。而一旦失去客户的信任，企业也就岌岌可危了。2008年发生过一起严重的奶制品污染事件。当年，三鹿奶粉因为物美价廉而深得老百姓的喜爱。但是，很多婴儿在长期食用三鹿奶粉之后患上了肾结石。父母带着孩子求医问药，这才发现问题竟然出在奶粉身上。要知道，对于一个新生命而言，这绝非单纯的营养不良问题，而是会影响他们的身体发育、智力发育，甚至对他们的一生都产生严重的负面影响。这个事件使得三鹿奶粉彻底失去了消费者的信任，整个企业由此宣告倒闭。

现代社会，信用体系越来越完善，那些被列入征信黑名单的人，不但会被限制乘坐交通工具，还会连累自己的孩子。由此一来，相信他们会从轻视构建信用体系，到越来越重视信用体系，成为坚定维护好自身信誉的第一责任人。我们对于那些以诚待人的人，一定要非常珍视，切勿不懂得珍惜。赢得让他人的信任很难，而失去他人的信任则很容易。我们要致力于提升自身的品德，让自己变得更加值得信任，也才能让人生变得更加有底蕴。

偶然建立的人际关系一般是不够稳固的，但是以信任为桥梁建立的人际关系则是尤为稳定的，也能长久地发展。总之，诚信是人生的基石，只有以诚信为基础才能构建人生的大厦，也才能成就人生的伟业。

强大心灵成就奇迹人生

在人生的旅途中，不管在哪个年龄阶段，也不管面对怎样的境遇，我们都要坚持修心。这是因为心灵具有强大的力量，足以创造奇迹。现代社会中，很多人终日浑浑噩噩，变成了空心人，看似每天都在按部就班地工作和生活，实际上却不知道自己想要怎样的人生，更不知道如何才能实现人生的目标。长此以往，他们必然缺乏心灵的力量，也无法创造独属于自己的人生。

如果要以一道等式来表达人生，那么人生有三个乘数，即热情、能力和思维方式，只有具备这三个要素，我们才能在生命的历程中获得想要的结果。这三个乘数缺一不可，如果没有热情，人们很难产生执行力；如果没有能力，哪怕有很多好点子也会沦为空想；如果没有良好的思维方式，总是把失败的原因归咎于外部因素而不愿意主动地反思自身的行为举止，不能做到积极地调整自我以实现目标，那么就会表现得越来越糟糕，最终只能面对落寞的人生。

现实生活中，能够取得伟大成就的人，未必有过人的天赋，也未必有良好的人脉资源，他们最大的优点就是勤奋刻苦，以正确的方式坚持努力。人们常说，认知决定一切。他们的人生是很踏实的，从未想过要不劳而获，更没有想过会轻轻松松地就能得到天上掉下来的馅饼。他们老实本分，兢兢业业，一旦认准了目标，找到了正确的方式方法，就会坚定不移地做好。

在热情、能力和思维方式中，热情和能力都是多多益善的，而形成正确的思维方式是前提。如果一个人的内心充满消极的想法，那么不管付出多少努力，拥有多大的能力，都会因为方向性的错误而白费力气。也可以说，思维方式是给人生定调的，只有坚持正确的思维方式，热情和能力才会发挥预期的作用。这就像南辕北辙的故事给我们带来的启示一样，必须先保证目标和方向是正确的，付出的努力才会起到促进作用。反之，如果目标和方向是错误的，那么即使有很多有利因素，也只会发挥负面作用，起到事与愿违的效果。

毫无疑问，对于同样努力的人而言，如果某个人拥有过人的天赋，那么自然会给自己加分，也会事半功倍。反之，如果某个人缺乏天赋，能力不强，又不愿意坚持努力，那么必然遭遇失败。对于天赋平庸、运气不佳的人而言，即使遭遇坎坷逆境，即使人生道路充满泥泞，也要坚持积极向上的心态，采取乐观的态度应对。只要坚持正确的思想，坚持到最后的时刻，磨炼心性，造就强大的心灵就一定能够逆转局面，获得成功。

面对失败，很多人都特别沮丧，认为这是命运在故意刁难自己，在与自己开残酷的玩笑。其实，这样的想法只会使人变得更加消极和悲观。俗话说，心若改变，世界也随之改变。当我们调整心态，学会换一个角度看待和思考问题，那么就会意识到所有的坎坷磨难都是命运在以特殊的方式考验我们，看看我们是否能够担当重任。正如孟子所说："故天将降大任于是人也，必先苦其心志，劳其筋骨，饿其体肤，空乏其身，行拂乱其所为，所以动心忍性，曾益其所不能。"古人早就认识到，一个人只有经受各种磨难，锻炼出强大的心灵，才能在苦难中收获成长，最终化茧成蝶，成就奇迹人生。

没有人天生就很强大，所有强者的能力都是在后天成长的过程中不断发展和壮大的。因而，无论先天的条件如何，我们都要对自己充满信心，也要相信自己凭着努力一定能够扼住命运的咽喉，成为命运的主宰。

要记住，命运不会总是善待一个人，更不会总是亏待一个人。黎明前的时刻是最黑暗的，只要熬过这短暂的黑暗，就能迎来真正的光明。在生命的旅程中，我们不管经历了什么，都要始终心怀美好的希望，让自己的心灵充满力量。常言道，真金不怕火炼，越是在艰难的时刻，越是要鼓起勇气迎难而上，以超强的气度战胜厄运。

相反，即使上天赋予的能力不强，时常遭遇逆境，人生之路充满苦难，但只要思维是正向的，这个人就一定会时来运转，度过幸福美好的人生。总而言之，不管是成功、名望和赞誉等荣光也好，还是挫折、失败和苦难等逆境也罢，都是上天所赐予的考验。唯有让自己的心灵不惧苦难，命运才会随心而动。

英国著名的思想家詹姆斯·艾伦曾经说过，人的心灵就像庭院，既可辛勤地耕耘，也可放任它荒芜。如果自己的庭院里没有生长美丽的花草，那么疯狂的杂草将长满你的庭院。出色的园艺师会翻耕庭院，除去杂草，培育美丽的鲜花。同样，如果我们想要美好的人生，就要像园艺师那样，勤奋地翻耕自己心灵的庭院。

在漫长的生命历程中，一切事情都是心的投影，心是怎样的，我们的世界就是怎样的。拥有强大心灵力量的人不会被困难打倒，即使在身处逆境也依然充满希望，积极向上。没有心灵力量的人哪怕人生顺遂，也不愿意给予自己更多的机会去勇敢地尝试。他们唉声叹气，怨声载道，最终吓跑了好运，只能与失意相伴。

曾子曰："吾日三省吾身。"这告诉我们自我反省的重要性。当对一天的事情进行反思和总结时,我们既要看到自己做得好的地方,也要看到自己做得不足的地方,才能有则改之,无则加勉。通过自我反省,轻浮傲慢的人会变得谦虚恭谨,狂妄自大的人能够更加沉稳。虽然人格不可能在短时间内塑造和形成,更不可能在一夜之间发生转变,但是只要持之以恒,在潜移默化之中就一定会发生可喜的转变。

人们常说时间会改变一切,也包括改变每个人。所以不要再觉得命运是不可逆转的,只要我们主动地改变性格,调整心态,一切就都会随之改变。正如著名文艺评论家小林秀雄所说的,人只会遇到与自身性格相符的事情。从这个角度来说,我们与其怀着雄心壮志试图改变世界,不如先脚踏实地地改变自己。让自己成为具有强大心灵的人,让心灵的力量助力自己实现心中的愿望。

第八章

牢记目标,才能避免南辕北辙

人生的道路是漫长的，随着时间的推移，很多人难免会忘记最初出发时的目的，也就渐渐地迷失了方向。要想避免这种情况，就要不忘初心，砥砺前行。在行进的过程中，一旦意识到偏离了正轨，就要及时调整，积极修正，从而才能始终在正确的方向上前行，不断拼搏进取。

第八章 牢记目标，才能避免南辕北辙

投射与投射性认同

对于投射，心理学家有很多相关研究，也各自提出了独特的观点。例如，弗洛伊德认为投射是一种防御机制，可以用来应对本能的能量。费伦茨则认为，投射是把不悦的人生体验分配给外部世界的经过。和费伦茨一样，克莱茵也认为投射是一个过程，在投射的过程中，人们用心理方式驱逐施虐的幻想，使这种幻想离开我们的内心，消融在外部世界里。桑德勒认为，人们以投射的方式把内心的不悦投射到客体表象上。

在投射的过程中，人能够敏锐地捕捉和体验到各种痛苦的感受。进而，很多心理学家因此提出了投射性认同的观念。针对投射性认同，心理学家们持有不同的观点，产生了严重的分歧。津纳认为投射性认同是内在概念，奥格登则认为投射性认同既是内在概念，也属于人际概念。与投射性认同相对应的是内摄性认同。内摄性认同是指人把外界客体处理后让自己进行吸收。对于投射和投射性认同，人们的认知是有限的，也是模糊的。从本质上来说,投射性认同作为概括性术语,囊括了两个维度上的互补过程,这两个维度分别是内在和人际。

从心理学的角度进行分析,投射与投射性认同是完全不同的概念。投射是单方面的,指的是个体把自己的想法、情绪、感受或者行为强加于人,或者强加于其他事物。举例而言,一个人怒气冲冲,就会先入为主地认为另一个人也特别生气;一个人心花怒放,心情大好,既会主观地认为另一个人也特别开心,兴致高昂。这种以己度人的做法就是投射。在投射的过程中,第一个人并非有意识地认定另一个人是开心还是生气,整个过程的发生都在第一个人无知无觉的状态下,所以第一个人压根不可能意识到自己是在过度投射。一个人要想避免过度投射,首先要意识到这种过程的发生,也要意识到这种行为将会给他人带来糟糕的感受。唯有以此为前提,他们才会有意识地调整自己的行为,积极地做出改变。

投射是单方面的,投射性认同则是双方面的。投射性认同,指的是一个人通过诱导的方式,让他人以限定的方式展开行动,或者做出反应。这属于人际行为模式,只有在关系亲近的人之间,才会发生投射性认同。举例而言,很多父母对待孩子特别强势,总是想代替孩子做出各种决定,也会强制要求孩子必须达到他们的要求。在孩子小时候,他们就事无巨细地安排孩子的吃喝拉撒、衣食住行和学习等事情，即使孩子长大了，他们依然不会对孩子放手，而是继续影响孩子的就业选择、择偶选择等。在父母的包办下，孩子会变得唯唯诺诺，做任何事情都依赖父母，一旦离开父母的庇护，就会缺乏安全感，这样的孩子永远也长不大，只是从幼小的婴儿成长为"巨婴"。也有些孩子随着自我意识的觉醒，越来越不愿意接受父母的各种强制安排，为此他们会以各种方式反抗父母，甚至会与父母决裂。这就是从一个极端走向了另一个极端，对于维护良好的亲子关系是极其不利的，也会影响孩子的成长。

在很多独生子女家庭里，父母与孩子的关系过于亲密，很多没有保持距离感的夫妻之间，以及公司的上级和下级之间，都有可能出现投射性认同。作为当事人，要有意识地避免投射性认同，这样才能拒绝他人对自己施加的不当影响，也才能拒绝他人对自己提出的不合理要求。

除了以强制的方式要求他人服从自己，还有些人是假装柔弱，以牵制他人。例如，有些单身妈妈独自一人辛苦地抚养孩子长大，等孩子到了成家立业的年纪，她们一旦看到孩子恋爱，关心别人，就会无法接受。为了吸引孩子的关注，赢得孩子的关心，一些单亲妈妈就会故意制造事由以吸引孩子的关注，今天说自己头晕，明天说自己腰疼，恨不得一天二十四小时把孩子和自己捆绑在一起。这种妈妈的爱是自私的，丝毫没有考虑到孩子的感受，也没有为孩子长远的幸福着想。

接纳他人的前提是悦纳自己

现实生活中，人与人之间总是会爆发各种矛盾和争执，也因此导致人际关系紧张，甚至不相往来。这是为什么呢？对于这个问题，很多人百思不得其解，其实只要认真思考就会发现，烦恼的根源正在于自己。因为我们不愿意接纳他人，也不想亲近他人，所以在与他人建立关系和维护关系的过程中，总是情不自禁地挑剔和苛责他人，也常常否定和打击他人。显而易见，没有人愿意受到这样的对待，矛盾也就因此而生。

一个人不管多么优秀，都不可能获得所有人的认可，得到所有人的喜爱，我们如此，他人也是如此。当认识到这个道理之后，我们就不会再吹毛求疵地要求他人必须把所有事情都做到令我们满意，必须想方设法地讨我们的欢心让我们高兴。正如古人所说的，己所不欲，勿施于人。如果我们本身做不到这一点，又有什么理由要求别人必须做到这一点呢？这就像是装修房子，对于自己的家，每个人都会进行设想，也预先设定了装修要达到的效果。但是，哪怕是经验丰富的装修队和细致入微的设计师，也不可能完全复现出我们心目中的家。退一步来说，哪怕我们自己就是设计师，而且是装修的施工负责人，我们最终也不能百分之百让梦想成真。当怀着过高的期望时，不管是对人还是对事，一旦现实距离我们的期望悬殊，我们难免会感到失望、懊丧，也会因此而愤怒、伤心。越是如此，我们的内心越容易处于失去平衡的状态，焦虑的情绪就会如影随形，让我们陷入情绪的泥沼，难以脱身，也会很大程度上消耗我们的内在能量，让心灵变得越来越脆弱。

真正内心强大的人会接纳他人本来的样子，也会接纳事情有可能出现的各种结果。我们只是普普通通的人，而不是无所不能的神仙，所以不可能掌控一切。此外，很多事情都不是凭着主观意志能够改变的，如果拒绝接受客观发生的事情，那么我们就是在自寻烦恼。尤其是对于他人，我们更是要全然接纳。每个人都是活生生的个体，有自己的思想和灵魂，也有自己的主见和选择，不会如同木偶一样任由他人指挥。如果不能接纳他人，那么我们就会陷入痛苦的深渊之中苦苦挣扎。明智的人知道，与他人较劲就是与自己较劲，而与其与自己较劲，还不如放过自己。

对于很多人都存在的不接纳他人的现象，心理学家进行了研究。这种现象发生的可能原因，也许就是我们不能完全接纳自己，也许是因为我们未曾修复曾经的伤痕，也许是因为我们的人格还没有发展健全，也许是因为我们把内心对自己的不满投射到了他人身上。心理学家指出，每个人对于自己都会心怀不满，例如，不满意自己身材矮小、皮肤黝黑的婆婆，当看到儿子带了一个身材矮小、皮肤黝黑的女朋友回到家里时，当即就会勃然大怒，始终不愿意认可和接受儿子的女朋友。再如，一个老师特别粗心，总是会在无意间犯各种各样的错误。当发现自己的学生也很粗心，犯的错误简直多到离谱时，他们一定会严厉地批评自己的学生，恨不得当即就帮助学生改掉粗心大意的毛病。这就是心理投射引起的不接纳他人。

要想真正做到接纳他人，我们首先要接纳自己。每个人都要认识到自己是世界上独一无二的存在，尽管不那么完美，但是却无可替代。接纳自己，不是勉为其难地接纳自己的缺点和不足，而是全心投入地认识自己，既为自己所有的优点而感到庆幸，也不为自己所拥有的缺点而感到自卑。悦纳自己的人从不妄自菲薄，他们对自己有全面客观的认知，知道自己是独特的，也是优秀的。哪怕是对于自身的缺点，他们也满怀包容之心，因为他们坚信，正是所有的优点和缺点造就了现在的自己。缺点和优点都是缺一不可的，否则自己也就不是自己了。形成这样的认知，才是真正地接纳自己。

在悦纳自己的同时，我们还要学会接受现状，接受环境。对于很多不愿意相信的事情，很多人会采取逃避的态度，认为这些事情根本没有发生过，或者自欺欺人地坚持认为这只是命运在和自己开玩笑。长此以往，他们就会生活在现实和幻想的夹缝里，非常痛苦。

真正悦纳自己的人，不会常常陷入自责的情绪中，不会否定事情已经真的发生了，不会抱怨命运对待自己不公平，更不会指责父母没有为自己提供更好的条件。他们全力以赴地拼搏，凭着自己的努力去改变一切，他们把很多原因都归咎于自身，也坚信只要自己积极地做出改变，就能主宰和掌控命运。如果说不接纳自己的人充满了负能量，那么悦纳自己的人则充满了正能量，也会营造出具有强大吸引力的正能量场，吸引更多志同道合的人来到身边。

人生就是一场修行，每个人都要坚持接纳自己，才能完成这场修行。在接纳自己之后，我们将会步履轻盈地行走在人生的道路上，也会始终在脸上挂着笑容，既善待自己，也善待他人。作为普通而又平凡的人，我们只有坚持内观自己，构建自己的心灵花园，才能在持久努力的状态下收获想要的结果。正如著名心理咨询师布兰迪·恩格勒在他的著作《11个男人对心理师说》中所说的，爱一个人就要爱他原本的样子，而不要期待从他那里获得什么，也不要期待他变成我想要的样子，更不要期待凭一己之力去改变他。很多人虽然明白这个道理，在现实生活中却总是不切实际、不自量力地想要去改变他人。很多热恋中的情侣会心甘情愿地为对方做出改变，也期望对方无条件地满足自己对于爱情和爱人的幻想。一旦对方做不到，他们就会认为这是爱得不够深的缘故，可以说这种想法和观点是非常幼稚的。有些女孩缺乏安全感，更是会反复向对方求证是否爱自己，即使得到肯定的回答又有什么意义呢？爱是需要用心去做的，而不是靠着简简单单的几句甜言蜜语；爱是需要用心去感受的，而不是只凭着对方漫不经心的回答就获得安全感。

我们要想拥有美好的人际关系，就要先让自己变得足够美好。与其强求对方做出改变，不如先改变自己的心态。俗话说，强扭的瓜不甜，如果对方不是真心实意地想要做出改变，而只是迫于你的压力不得不改变，那么这样的改变既不是真心的，也不会维持长久。

投射性认同与内摄性认同

"投射性认同"和"内摄性认同"都属于专业的心理学术语，其实就是告诉我们，人类的心态是会相互感染的。

心理学家要想疗愈心理疾病的患者，就要自发地接受患者的感染，例如同理对方的负面情绪，理解对方的绝望、痛苦和焦虑、愤怒等。做到这一点之后，他们会在心理层面上，借助于这些负面情绪的投射认同与内摄认同，进行正念的摩擦和交融。只有进行到这个阶段，心理学家才能真正理解患者，接纳患者的情绪，同时积极引导患者。

这就是完整的精神分析过程，即正念观察，理解接纳，悲悯仁慈。这个过程是双向的，先是患者感染心理学家，继而心理学家反过来感染患者。在一个来回完成之际，才算是实现了精神分析的心理治疗。

在运用精神分析的方法进行临床治疗的过程中，很多心理学家和精神学家都针对投射性认同的过程进行了深入的讨论。随着开始运用心理学家与患者之间的投射性认同，我们也越来越深入地理解了反移情，即在投射性认同中接受者产生的反应。

如果说在精神分析的过程中，投射性认同起到了重要的作用，那么内摄性认同的作用则并不那么明显。在心理分析领域，很多人都曾认为内摄是很神秘的心理学概念，而且起着神奇的作用。弗洛伊德认为，当呈现在眼前的客体充满快乐，成为自我快乐的源泉，自我就会吸纳这些客体，使它们成为自体的一部分，这就是"内摄"的过程。弗洛伊德还认为，那些完成内摄过程的主体，还会消除内心的负面情绪，使自己不再被负面情绪困扰。

现实生活中，内摄的现象很常见。例如，在家庭生活中，很多孩子都会在无意识的状态下，选择内摄父母的部分特征，并且对那些或者拒绝或者仰慕的特征也产生认同。正是因为在成长的过程中每个人持续地内摄很多交往对象对自己的影响，每个人才渐渐形成了自己相对稳定的性格特征，也产生了最终的性格认同。这是一个动态的过程，因为孩子在成长的过程中不但要与父母相处，还要与老师同学相处，更要与很多萍水相逢的人相处，这使得孩子的成长充满了不确定性。

很多患者会不加选择地内摄性认同心理学家或者是心理治疗师，通常情况下，对于那些由心理学家或者心理治疗师直接提供给他们的东西，他们反而会拒绝或者抵触。正是以这样的方式，患者缓解了自身的紧张和焦虑情绪。这种方式能消除患者的不安，使他们获得暂时性的安全感。

很多心理医生会引导患者对理想的客体进行内摄性认同，通过这种方式试图疗愈患者。例如，一个人产生了自杀倾向，认为自己的存在感很低，为此他通过大发脾气的方式试图吸引家人的关注，与此同时他还患有严重的抑郁症。那么，心理医生就需要弄清患者为何会这样。在经过心理医生的治疗之后，他终于说出了一直被压抑的感受，这种糟糕的感受之所以产生，是因为他在童年时期遭到父亲的虐待和折磨，也因为他的家庭千疮百孔，毫无幸福可言，这使他在长大成人之后总是心情低落，认为自己的存在毫无价值，甚至还出现了神经性头疼的症状，其实他是在以这样的方式持续虐待自己，让自己总是在回顾童年时期的感受。

只有解开郁结于心的疙瘩，患者才能真正放下过往，也放过自己。在这种情况下，对于父亲的内摄性认同对于当事人的成长是极其不利的，这严重影响了他的正常生活。

爱情中的投射性认同

正如一位名人所说的，爱情是造物主赐予人类的最美好礼物。为此，人人都渴望赢得爱神的青睐，也渴望获得浪漫的爱情。那么，所有人都能幸运地找到属于自己的爱人，也收获属于自己的爱情吗？当然不是。针对爱情的来源，心理学家进行了研究。有心理学家认为，并非所有的文化都能孕育爱情，在强调忠诚与组织的国家里，人们并不推崇爱情，这使得爱情的发展往往偏离常态。而在西方文化中，个体被提升到很高的地位，每个人都坚持认为个体高于所有，这就使他们对于爱情特别推崇，也认为一个人如果从来不曾拥有爱情，那么就是值得同情和可怜的。

新生命从呱呱坠地到长大成人，从懵懂无知到情窦初开，从依赖父母到寻求爱人，那么人们寻找爱人的标准是什么呢？换而言之，他们如何断定一个人就是他们心目中理想的爱人，从而积极地与对方建立联系呢？心理学家指出，一个人并非是在成年之后才开始在心中勾勒理想的爱人形象的。早在童年时期，他们就已经对爱情有了懵懂的认知和幻想，也对于未来选择怎样的爱人有了初步的意识。有人认为，爱情只是关于性的本能冲动，其实不然。爱情超越了本能的生理需要，是重新寻找丧失客体的过程。在此过程中，人们会改变对于自己的认知，也会重新构建自我认同。因而，爱情能够超越意识层面，上升到全新的高度。

现实生活中，那些坠入爱河、处于热恋中的人总是会做出各种令人感动的举动，在他们的心目中，此时此刻爱情就是全部，没有任何事情能与爱情抗衡，也没有任何人能与爱人相媲美。那么，人们为何会坠入爱河呢？其实，原因是复杂多样的。通常情况下，必须达到三个方面的要求，才会产生爱情。首先，自己所爱的人身上有丧失的爱的客体；其次，自己所爱的人能够疗愈自己，帮助自己从过往的悲惨经历中摆脱出来；最后，自己所爱的人能够给予自己更多的满足，这是丧失的爱的客体不曾做到的。正是基于这三点，爱情才会充满理想化，相爱的人也才会彼此认同，温柔对待对方。与此同时，他们还会怀着游戏的心态面对对方，也以各种带有小心思的手段激发对方对自己的爱。

当然，爱情的发展并非总是一帆风顺的。生活中，有些因素有利于刺激爱情产生，促进爱情成长，也有些因素会对爱情的发生和发展起阻碍作用。例如，伯格曼就曾经提出不利于爱情的六大因素。他认为，如果对原始客体的转移没有达到一定程度，不利于产生爱情；如果童年时期的生活中所得到和感受到的爱是有创伤的，不利于产生爱情；如果成年之后所得到和感受到的爱是有严重创伤的，不利于产生爱情；如果总是妒忌心强，总是想方设法想要霸占所爱的人，即有强烈的占有欲，不利于产生爱情；如同水仙花一样特别自恋，喜欢以自我为中心思考各种问题，不利于产生爱情；如果对人充满敌意，心怀警惕，也不利于产生爱情。一言以蔽之，当人们把愤怒压制在内心深处，就会越来越厌倦情感生活，甚至会性冷淡，不愿意进行性生活。

格迪曼一直致力于研究爱情关系中的致命吸引力。他试图把爱情和死亡融合成为一个主题。他最终证实，当一个人幻想着与对方一起死去时，其实恰恰意味着他内心深处极其害怕死亡，恐惧死亡，而试图以爱情的方式掩饰死亡的真相。

当一个人因为死亡而产生严重的焦虑情绪时，对爱的理解就会发生偏移。有些女人占有欲极强，有些男人则长久地处于幻想之中，不愿自拔。一直以来，很多人都想解锁爱情的奥秘，因为害怕失去爱情，被所爱的人抛弃，所以他们迫切地想要知道如何保持甜蜜的恋爱关系，避免爱情褪色。面对这个问题，"投射性认同"的心理学概念就该隆重登场了。

科恩贝格发现，处于恋爱关系中的人拥有特殊的动力，能够借助于爱情修正此前与父母之间不恰当的关系，使自己与爱人之间形成全新的关系。这是一个伟大的发现，我们意识到原来爱情还能起到心理疗愈的作用。不管是谁，只要坠入爱河，自我不同组成部分之间的界线就不会再那么生硬鲜明，而是变得越来越宽松和模糊，最终融化已经建立的动力平衡。在婚姻生活中，一个人在心理上越是热爱父母，愿意对父母投入，也就越愿意做出对婚姻的承诺，在此过程中，个体会表现出一直被压抑的自我，不管真实的自我是怎样的。正如人们常说的，结婚不是两个人的事情，而是两个家庭的事情。其实，结婚还是两个人方方面面的深度融合和重新组合。

只有具备投射性认同系统，我们才能与他人之间产生美好的爱情。在此过程中，一定要消除对于婚姻的担忧，也不要试图修改和容纳夫妻之间的彼此投射，只有以此为前提，婚姻才能朝着健康的方向发展。如果个体能够全然地接纳自己和对方，那么就能够丰富自我，关注配偶，把自己和配偶都看成是独立的生命个体。两个彼此独立的人因为爱情组建家庭，才能修正部分自我和内在客体，也才能让婚姻更加幸福美满。

一言以蔽之，不管是恋爱还是结婚，都要关注自身对于内在伴侣的幻想，才能真正拥有爱情。有些人对于内在伴侣的幻想过于完美，不切实际，对于真实的伴侣就是挑剔苛责，他们注定会孤独终老。有些人对于内在伴侣的要求太低，这直接导致他们在寻找另一半的时候过于敷衍，也为未来的婚姻生活埋下了隐患。所以，这启示我们，要想建立一段健全的爱情关系，就要摒弃幻想，要去爱具体的爱人伴侣，而非抽象的内在伴侣。

心理投射

恋爱简单，婚姻需谨慎

在恋爱关系中，我们很容易把伴侣理想化，尤其是在热恋期，我们爱上的甚至不是真实的伴侣，而是被理想加工过的伴侣。正是因为如此，哪怕发现伴侣身上有很多缺点，我们也会觉得他是可爱的；哪怕发现伴侣不是自己真正心仪的，也会努力说服自己接纳伴侣。一旦爱情渐渐褪色，激情冷却，这样的理想化不复存在，很多问题也就会暴露出来。

所谓把伴侣理想化，其实就是把内在伴侣外显化，我们把自己的内在伴侣投射在真实的伴侣身上。因为我们对于内在伴侣是无可挑剔的，对于真实的伴侣也就失去了真实的感受和评价。

那么，内在伴侣是从何时开始形成，又是如何形成的呢？早在孩童时期，不断长大的孩子就学会了观察，他们试图通过把委屈告诉异性父母的方式来解决冲突，与此同时，在内心深处，他们希望能够确认父母是足够恩爱的。在这个阶段，和任何个体的内在客体相比，内在伴侣都是更加重要的。每当孩子诉说委屈时或者发起攻击时，如果父母真的彼此相爱，关系牢固，那么孩子就会得到内心的满足，获得安全感，身心健康地成长；有些父母尽管会出现意见分歧，但是他们发自内心地爱着对方，也愿意与对方共同商讨，那么他们就会给孩子留下恩爱的印象，也会让孩子感受到他们思想的灵活，因而孩子会认为夫妻关系理应如此，这使得孩子从不怨恨父母中的任何一方，也让孩子拥有适度的性驱力。最糟糕的是分开生活的夫妻，在这样的家庭里，不管孩子跟着父亲还是母亲，内心都是缺乏安全感的。如果孩子被最亲近的父母虐待，那么他的心理就会渐渐扭曲，甚至因为父母婚姻的不幸福而背负起沉重的罪恶感。这使得孩子将来很难拥有属于自己的幸福婚姻。

尤其是在青春期，孩子一定要体验丰富的伴侣关系，这样他心目中的内在伴侣才是独立的，也会具有人际调适能力。反之，如果孩子缺乏伴侣关系的体验，那么他往往会陷入孤独之中，在人际交往中离群索居，表现得很冷漠。毫无疑问，这样的孩子在长大成人之后不会擅长人际交往，也不知道自己应该寻找怎样的人生伴侣。

毋庸置疑，恋爱与婚姻是不同的。恋爱是仙气飘飘的，主观性极强，而婚姻则充斥着柴米油盐酱醋茶的琐碎，也常常是一地鸡毛，令人烦恼丛生。有些伴侣在恋爱期间感情升温很快，因而相识不久就急切地走入了婚姻的殿堂，却在结婚不久就选择了离婚，因为他们发现与自己结合的人并非心目中理想的爱人。此外，婚姻生活还受到很多因素的影响，如生活习惯、为人处世、人际圈子、消费水平，等等。一个过于节俭的丈夫和一个大手大脚花钱如流水的妻子有吵不完的架；一个有洁癖的妻子和一个脏兮兮不讲究卫生的丈夫必然总是发生矛盾；一个习惯了艰苦朴素的丈夫和一个从小锦衣玉食追求生活品质的妻子也会出现各种分歧。总之，恋爱可以随心所欲，婚姻却要小心谨慎，也需要彼此之间相互尊重，足够理解，足够包容。

作为在大城市成长的女孩，娜娜从小衣食无忧，从来不知道生活的艰难。然而，她偏偏喜欢上了来自农村的男孩小刚。小刚虽然来自农村，但是在北大毕业，文凭过硬，有一份很好的工作，薪水也不低。最重要的是，娜娜发现小刚身上有一种独特的魅力，他特别能吃苦，不管生活多么艰难，都不放弃努力。听到小刚绘声绘色地讲起农村生活，娜娜满心满眼都是羡慕和憧憬，她甚至迫不及待想要和小刚回老家看一看。但是，小刚以娜娜不能吃苦不会习惯为由拒绝了。

直到结婚之后，娜娜才第一次跟着小刚回老家。听说小刚娶了大城市的姑娘为妻子，差不多半个村子里的人都来看新娘子。娜娜才刚刚感受到村民们的热情，就被很多村民的玩笑话弄得面红耳赤。才一天过去，她就想离开农村了。这里的环境太脏了，到处都是垃圾，卫生条件不好；这里的人没有隐私意识，总是推门就进，从来不敲门；小刚家里吃饭特别简单，一锅酱油面就是一餐，谈不上任何营养。小刚看娜娜撅着嘴巴，笑着说："理想是丰满的，现实却是骨感的。"

娜娜还没意识到，这不是最糟糕的事情，毕竟他们只是回家探亲几天就会回到城市继续生活。真正和小刚组建家庭，娜娜才见识到小刚的抠门，哪怕娜娜用自己的钱买一些昂贵的水果尝鲜，小刚也不能接受，还常常为此和娜娜吵架。他们的婚姻只维持了半年，就分道扬镳了。

两个原本全然陌生的人在爱情的吸引下，一时脑门发热选择真正结合在一起，这原本就是一种冒险。尤其是当这两个陌生人来自不同的地方，拥有不同的家庭背景，拥有不同的成长经历时，这种冒险失败的概率就更大了。娜娜之所以爱上小刚，是因为小刚不同于她所认识的人，而小刚所描述的农村生活被她以浪漫的内摄性认同改变了。当内摄性认同渐渐褪色，爱情也就会表现出真实的面目。

总而言之，了解心理投射相关知识，能使我们更深刻地把握自己与他人之间的关系，无论是亲情、爱情，还是友情，了解心理投射还有助于我们提高自我认知水平，建立正向思维模式，让我们能更加了解自己与这个世界，享受生活。

参考文献

[1]沙夫.投射性认同与内摄性认同：精神分析治疗中的自体运用[M].闻锦王，等译.北京：中国轻工业出版社，2011.

[2]潘楷文.不要挑战人性[M].长沙：湖南文艺出版社，2021.

[3]稻盛和夫.心：稻盛和夫的一生嘱托[M].曹寓刚，曹岫云，译.北京：人民邮电出版社，2020.